工业物联网时钟同步参数估计理论与方法

王 恒 著

科 学 出 版 社
北 京

内 容 简 介

本书首先对工业物联网中时钟同步的重要性和相关研究进展进行简要介绍；然后详细介绍时钟同步基本模型，对影响时钟同步参数估计性能的主要因素——时延进行分析，并阐述典型的时钟同步方法；基于这些分析，对面向工业物联网的基于双向交互的校正式同步参数估计方法、多跳网络中的校正式同步参数估计方法、基于定时响应的免时间戳同步参数估计和基于免时间戳交互的时钟参数跟踪方法进行研究。

本书反映工业物联网时钟同步参数估计理论与方法的最新成果，适合从事工业物联网、时钟同步、信号处理等领域相关工作的研究人员参考阅读。

图书在版编目(CIP)数据

工业物联网时钟同步参数估计理论与方法 / 王恒著.—北京：科学出版社，2024.8

ISBN 978-7-03-078203-8

Ⅰ.①工… Ⅱ.①王… Ⅲ.①物联网-应用-工业企业管理-时间同步-参数估计 Ⅳ.①TP393.4

中国国家版本馆 CIP 数据核字（2024）第 052889 号

责任编辑：孟 锐 / 责任校对：彭 映
责任印制：罗 科 / 封面设计：墨创文化

科学出版社出版
北京东黄城根北街16号
邮政编码：100717
http://www.sciencep.com

成都锦瑞印刷有限责任公司 印刷
科学出版社发行 各地新华书店经销
*
2024年8月第 一 版 开本：B5（720×1000）
2024年8月第一次印刷 印张：8 1/2
字数：174 000

定价：108.00 元
（如有印装质量问题，我社负责调换）

前　言

工业物联网是新一代信息技术与工业生产深度融合的产物，是智能制造和工业互联网部署和运行的网络基石。工业物联网部署在工业自动化现场，设备之间具有严格的时序约束关系，在规定时刻必须对事件准确响应，全网需要统一的时间基准。因此，精确的时钟同步是工业物联网技术的关键，是工业物联网控制、调度、定位、安全等多种功能运行的基础。

从信号处理角度出发，工业物联网时钟同步的主要目标是设计合理的时钟参数估计方法获取网络节点相对于网络主时钟的同步参数，进而将网络节点与网络主时钟之间的时间偏差维持在足够小的范围。然而，由于工业物联网的网络场景复杂以及网络工作环境的诸多不利因素(如温度和湿度变化、电磁干扰、晶体老化等)，网络节点间的精确时钟同步也面临着诸多挑战。如何在能量受限且恶劣的工作条件和复杂的拓扑环境中，为工业物联网提供满足应用需求的时钟同步参数估计已成为极具挑战性的技术问题。

针对这个问题，作者多年来进行了深入的研究，并取得系列研究成果。本书在总结作者多年研究成果的基础上，从同步模型、理论性能到方案设计等多方面对时钟同步参数估计进行了深入浅出的讨论，旨在基于统计信号处理理论，构建支持估计与校正并行的校正式同步理论框架和低开销的免时间戳同步理论框架，并考虑时延、拓扑结构等多种不确定性因素影响，推导获得高效估计器，形成面向工业物联网的时钟同步参数估计理论与方法。

本书系统地介绍工业物联网时钟同步参数估计理论与方法，具体而言，全书共 8 章。第 1 章主要对工业物联网、时钟同步问题和时钟同步研究进展等进行简要介绍。第 2 章主要描述时钟同步的基本模型，分析时钟同步时延，介绍典型的时钟同步方法，以及讨论时钟同步性能的评价指标。第 3 章介绍基于周期性校正的确认帧同步和基于周期性校正的监听同步，以及非线性系统模型下的校正式同步。第 4 章讨论基于双向交互的校正式同步参数估计方法，主要包括通用节点和隐含节点同步参数估计。第 5 章分析典型指数随机时延下，通用节点和隐含节点的校正式同步参数估计方法，以及阐述多跳网络中的校正式同步参数估计方法。第 6 章介绍基于定时响应的免时间戳同步协议，通用节点和隐含节点的免时间戳同步参数估计方法。第 7 章讨论基于免时间戳同步和单向消息传播的混合同步方法。第 8 章考虑同步参数的时变特性，描述基于免时间戳交互的时钟同步参数跟踪方法。

本书反映了工业物联网时钟同步参数估计理论与方法的最新成果，为工业物联网时钟同步问题提供了有效的解决方案，同时可以为从事物联网、工业互联网、时钟同步、信号处理领域的研究人员提供有益参考。

本书由王恒统稿并负责全书撰写工作。李敏负责第 4 章和第 5 章的撰写；刘晓江负责第 7 章和第 8 章的撰写；邹燕、马文巧、王方诗负责第 3 章和第 6 章的撰写；彭政岑、郭曦负责第 1 章和第 2 章的撰写。本书所涉及的内容包括余斐、龚鹏飞、鲁锐、邵伦、钟杨等刻苦研究的成果，在此一并向他们表示感谢。

本书在撰写过程中，得到了许多同行专家的关心、帮助和指正。同时，本书的出版得到了国家自然科学基金企业创新发展联合基金重点支持项目“融合场景感知的工业互联网无线通信技术研究”(编号：U23B2003)和国家自然科学基金“未来工业互联网基础理论与关键技术”重大研究计划“面向精密制造的工业互联网统一时空基准理论与关键技术研究”项目(编号：92267106)的资助，还得到了重庆邮电大学出版基金资助，在此表示真诚的感谢。

本书完稿后，虽经多番详细审阅，但难免有不足和疏漏之处，加之技术发展日新月异，作者只能抛砖引玉，恳请广大读者和同仁批评指正。

目　　录

第1章 绪 论

1.1 工业物联网

在无线射频识别(radio frequency identification，RFID)、微电子、嵌入式应用、信息处理等软硬件技术的驱动下，物联网的概念应运而生[1,2]，并迅速在信息通信产业界掀起继互联网、移动通信网之后的又一次技术革命浪潮。近年来，物联网在各应用领域不断发展和演进，衍生出具有各领域特色的物联网技术[3-9]。其中，工业物联网作为工业自动控制领域的热门研究和发展方向之一，受到了学术界和产业界的高度重视。德国和美国相继提出了工业 4.0、工业互联网以及智能制造等新型工业生产制造网络架构，利用物联网技术实现工业网络中人与物、物与物的互联互通[10]，使各个生产单元无缝融合，并最终实现工业自动系统的智能化。

工业物联网是随着无线传感器网络技术和工业不断发展而出现的新兴研究方向，它作为一种无线传感网的特定应用，已经成为工业自动化和过程控制有效且经济的解决方案[11-14]。与传统的有线工业监控系统相比，工业物联网具有诸多优势，如成本低、生产效率高、产品质量高、易部署、灵活性高等[15-17]，已在许多行业得到了广泛应用。随着工业物联网的发展，目前国际上已形成了 WirelessHART (Wireless Highway Addressable Remote Transducer)、ISA100.11a、WIA-PA (Wireless Networks for Industrial Automation-Process Automation)三大主流标准共存的局面[18-21]。在工业物联网中，大量无线微型传感器节点被安装在工业设备或工业环境中，周期性地对振动、温度、设备的能源供应质量以及其他环境参数进行测量，并将采集到的数据通过无线方式传输到汇聚节点，汇聚节点分析每个传感器节点的数据后对每台设备的运行状态、生产过程进行监控。

工业物联网的系统架构由下至上一般分为感知层、管理层、网络传输层和应用层。感知层是工业物联网的信息源头，为其余各层提供数据支持，其主要由现场设备、控制设备以及数据转换模块构成；第二层为管理层，即工业调度管理中心，其一般由文件服务器、WEB 服务器、数据库服务器等设备组成，主要负责管理整个工业自动化系统以及对外提供获取工业数据的接口；第三层为网络传输层，通过以太网、电信网、移动通信网等高速承载网络搭建一条从工厂本地设备至云客户终端的端到端数据传输通道，并保证数据传送的安全性与可靠性；第四层为应用层，针对各领域工业应用的需求，通过云计算、数据挖掘等前沿技术对来自感知层的数据进行分析[22]，以达到优化资源调度、提高运营效率、改进生产工艺和流程等目的。

1.2 时钟同步

时间同步技术是工业物联网系统正常运行所需的重要支撑技术。工业物联网的众多应用对数据传输的可靠性和实时性具有严苛的要求，节点间需要协同完成实时性任务。在工业物联网采用的时分多址(time division multiple access，TDMA)信道接入技术中，节点以时隙为单位进行数据收发，这将减少数据传输冲突。为了保证 TDMA 接入控制的可靠性，节点间需要进行精确的时间同步，因此，在工业物联网中有效地处理传感器节点的时钟同步问题至关重要[23]。

时钟同步是指将网络中通信设备的时间与某一特定的时间信息源之间的时间偏差限定在一定范围内的过程。一般通过专门的硬件线路设计、协议软件设计、同步算法等方法获取系统中设备的本地时钟与时钟源的偏差，并根据该偏差来校正设备的本地时钟。其目的是将在物理位置上分散的设备以公共时钟基准统一起来[24]，使整个系统能够维护一致的逻辑或物理时钟，从而能够以相同的时间尺度来精确地描述系统中事件的请求、到达、完成以及产生的数据等，为系统上层应用提供精准服务。时钟同步技术是工业物联网、分组交换通信网络和实时网络应用的重要基石[25]，特别是工业自动化控制系统和智能电网系统等对网络数据传输的确定性要求较高的应用场景，更需要精准的时钟同步服务作为支撑。而工业物联网作为目前工业自动控制领域极具潜力的发展方向之一，针对该网络下时钟同步技术的研究对工业物联网的广泛应用和进一步推广具有重要意义。

工业物联网时钟同步问题源自传感器节点的晶振特性。网络中每个传感器节点都具有一个独立晶振和计数器，晶振每产生一次脉冲，计数器就加一[26]，从而维持节点的本地时钟。从理论上来说，如果两个节点的时钟始终以相同的速率运行，那么它们将保持同步。然而，受限于制造工艺的差异，各传感器节点的晶振在出厂时很难保持频率一致，并且随着外界气压、温度的变化以及自身老化等因素的影响，晶振在运行过程中还会呈现出一定的频率偏移，进而引起各节点时钟相位发生偏差，这即是时钟频率偏移和时钟相位偏移的定义[27]。因此，时间同步受频率偏移和相位偏移的影响，各节点时钟必须定期进行同步调整。

1.3 相关研究进展

近年来，国内外学者相继提出了大量分布式系统应用的时间同步技术[28-33]，其中最广泛使用的技术实现包括：全球定位系统(global positioning system，GPS)[34]和网络时间协议(network time protocol，NTP)[35,36]。GPS 是一种以人造卫星和通信技术为基础的高精度无线电导航定位系统，授时设备从 GPS 卫星捕获标准时间信号，传输给网络中需要同步的节点，由于能给装配有 GPS 收发模块的设备提供微秒精度的时间信息，在传统的分布式系统中得到广泛应用。NTP 是一种适用于拓扑结构稳定的网络系统时间协议，NTP 服务器获取国际标准时间并按等级转发给分布式客户端，进而实现分布式客户端与时钟源服务器之间的高精准度时间同步。然而，工业物联网由大规模、低成本、微型化、资源有限的传感器节点组成，或由于微型化的特点而无法搭载高精度的授时设备，或由于资源有限而无法支撑频繁发送同步报文维持高精度，导致上述同步方法难以直接应用到工业物联网中[37]。因此，在设计面向工业物联网的时间同步协议时，需要将能耗、成本、通信时延等诸多约束列入考虑范围。

考虑到工业物联网的独有特性，研究人员提出了面向不同同步需求的各种时钟同步协议[38-45]。早期提出的时间同步协议主要聚焦于同步信息交互机制的设计，根据不同的信息交互机制可分为三类：基于发送端-接收端的双向信息交换同步、单向广播同步和接收端-接收端同步。在基于发送端-接收端的双向信息交换同步机制下，最具代表性的同步协议为传感器网络定时同步协议(timing-synch protocol for sensor networks，TPSN)[46]。TPSN 将时间同步过程分为层级生成阶段和节点间同步阶段，在层级生成阶段，首先选择网络中的任意一个节点作为根节点，然后根节点通过广播启动级别分组，从根节点开始对网络中所有节点按层次分级；在同步阶段，相邻层级间的节点进行双向信息交换以实现所有节点与根节点的同步。单向广播同步机制的典型代表是泛洪时间同步协议(flooding time synchronization protocol，FTSP)[47]。FTSP 与 TPSN 不同的是，FTSP 节省了建立树的初始阶段，在 FTSP 中，参考节点周期性地广播在介质访问控制(media access control，MAC)层构建的时钟信息，只要位于参考时钟节点广播覆盖范围内的节点都可以接收广播的时钟信息，并通过最小二乘拟合方法预估参考节点的时钟参数，从而实现与参考节点的时钟同步。对于接收端-接收端同步机制，最为经典的是参考广播同步(reference broadcast synchronization，RBS)协议[48]。在 RBS 协议中，参考节点广播一个信标消息，在参考节点广播域内的相邻节点记录下接收到该信标时的本地时钟，随后接收节点之间互相交换记录下的时钟信息并根据时钟差值来实现彼此间的时钟同步。但是，上述典型的工业物联网时间同步协议侧重于节点间交互方式的设计，导致在同步能量效率以及同步精度方面存在一定的局限性。

围绕工业物联网时间同步技术的低能耗与高精度的需求，学者们将研究重点聚焦于提高同步精度和降低能耗两个方面。考虑到工业物联网时间同步问题与时钟参数的估计有关，同步协议的精度和参数估计方法的性能密切联系，而消息在无线信道传输过程中经历的各种时延是影响同步协议性能的主要因素，因此，借助于统计信号处理技术来处理传输时延对同步的影响，设计相对高效的时间同步参数估计方法，成为研究者们重点关注的方向。首先是针对假设时钟频率偏移在一定的时间段内保持不变的情形，大多数研究都采用了基于频率思想的静态估计方法。Noh 等通过从 TPSN 中交换的同一组同步消息中提取有关时钟频率偏移的信息，在已知固定时延下利用最大似然估计(maximum likelihood estimation，MLE)法同时估计出时钟频率偏移和时钟相位偏移，并推导出相应的克拉美罗下限(Cramér-Rao lower bound，CRLB)来评估估计器的性能[49]。Leng 和 Wu 首次对时钟频率偏移、时钟相位偏移和固定时延进行联合估计，并在高斯随机时延下推导出最大似然估计及相应的性能下界[50]。Shi 等将随机时延近似为高斯分布，并在单向广播的基础上提出了一种新的时钟频率偏移最大似然估计[51]。Zhang 等利用线性加权最小二乘法对时钟频率偏移进行了估计[52]。Chaudhari 等还探讨了基于最佳线性无偏估计、最小方差无偏估计和最小均方误差估计等其他估计方法的时钟同步算法[53,54]。其次，面向更符合实际的时钟频率偏移动态变化的场景，研究者们利用基于贝叶斯思想的动态估计方法来进行参数跟踪。Luo 和 Wu 提出一种全分布式的卡尔曼滤波算法，用于跟踪时变时钟的频率偏移和相位偏移，实现了全局同步，并保持了长期的高同步精度[55]。Hamilton 等假设时钟频率偏移符合一阶高斯马尔可夫模型，然后使用卡尔曼滤波器实现对时钟频率偏移和相位偏移的精确跟踪[56]。Liu 等提出一种基于期望最大化算法的卡尔曼滤波器和一种用于跟踪时钟频率偏移和相位偏移的假设检验多模态卡尔曼滤波器[57]。

除了提高算法同步精度，降低节点同步能耗也是时间同步算法研究的重点突破方向。在工业物联网中，传感器节点的通信能耗是计算能耗的数百倍到数千倍[58]，传感器节点传输 1kbit 信息至 100m 所消耗的能量约等于计算 300 万条指令所需的能量[59,60]。随着半导体制造技术和工艺流程的提升，当前传感器设备的能效性在数据处理、计算和传输等方面得到较大改善，但是总体上依旧满足通信模块的能量消耗远远高于计算模块的特点。这主要是因为节点间的同步依赖大量的同步消息交互，而射频通信传输需要消耗大量能量。因此，研究者们对有效降低同步过程的通信能耗的方法进行了研究，以解决传感器节点能源供应受限的问题，当前主要有两种解决方法：基于免时间戳的时间同步和基于隐含节点的时间同步。免时间戳同步的基本原理是待同步节点通过映射和解析双方预定义的响应时间来隐式获取时间信息，其核心在于响应时间的映射规则。免时间戳同步在同步消息交互的过程中不包含时间戳，因此不仅节省了记录时间戳和传输时间戳的能量消耗，还可以有效消除专用同步帧在网络中的传输，从而达到节省能耗和通信开销的目的。Etzlinger 等提出一种带有后续确认(acknowledgement，ACK)报文的免时间戳时钟频率偏移估计方案，其设计的后续 ACK 就是响应时间的交换，但这种方法将不可避免地产生额外的能量消耗[61]。此外，Overdick 等[62]和 Li

等[63]将免时间戳同步在实际现场网络中进行了实验验证，证实了免时间戳同步的可行性。为了进一步降低同步所需的能量开销，Noh 等提出了仅接收者同步的低开销同步机制，其代表性算法为成对广播同步(pairwise broadcast synchronization，PBS)[64]。在 PBS 协议中，位于成对同步节点共同通信区域内的其他节点，利用无线媒介的广播特性监听两者之间的同步报文交互过程，在不发送任何数据包的情况下就能实现与参考节点之间的同步，因此该同步方式又称为隐含同步，通过监听完成同步的节点则被称为隐含节点。

1.4 本书主要内容

下面给出本书的主要内容。

第 2 章首先介绍时钟同步的基本模型；其次分析同步报文传输过程中经历的时间延迟种类；然后描述三类典型的同步方法，即基于接收者-接收者的同步方法、基于发送者-接收者的单向报文传输同步方法、基于发送者-接收者的双向报文交换同步方法；最后阐述同步性能的评价指标。

第 3 章讨论一种新的时钟同步方法，称为校正式同步。在这章中研究两种不同报文交互方式下的校正式同步：一是基于周期性校正的确认帧同步，二是基于周期性校正的监听同步。针对这两种同步方法，描述节点间的同步流程，并根据通信过程建立时钟同步模型，同时采用最佳线性无偏估计方法对时钟频偏进行估计以及推导相应的 CRLB。此外，考虑同步报文传输过程中时钟频偏的影响，建立确认帧同步和监听同步的非线性频偏估计模型，利用最大似然估计方法估计时钟频偏，提高参数估计精度。

第 4 章介绍基于双向交互的校正式同步方法。针对通用节点和隐含节点，分别描述它们基于双向交互的校正式同步过程，并建立同步模型，然后利用最大似然估计方法对时钟频偏进行估计和推导相应的 CRLB。另外，由于考虑了交互过程中时钟频偏的影响，最大似然估计器的推导过程较为复杂，且结果不是最优的。因此，建立通用节点和隐含节点的简化估计模型，采用最佳线性无偏估计方法估计时钟频偏。

第 5 章假设随机时延是服从指数分布的随机变量，基于第 3 章中的周期性校正确认帧同步和周期性校正监听同步，分别推导通用节点和隐含节点的频偏最大似然估计、频偏线性估计，以及相应的近似 CRLB。同时，介绍面向多跳网络的校正式同步，描述网络模型和同步过程，建立时钟同步模型，推导节点的时钟频偏估计和 CRLB，通过仿真验证频偏估计器的有效性，并进行通信开销对比分析。

第 6 章讨论一种通过预定义接收方对发送方的响应时间间隔传递同步信息来

避免时间戳信息交互的新型低功耗同步方法，称为免时间戳同步。首先阐述了基于定时响应的免时间戳同步协议，根据同步过程建立通用节点的同步模型，利用最大似然估计方法估计时钟频偏并推导 CRLB，同时通过仿真验证频偏估计器的有效性，分析免时间戳同步协议的通信开销。然后，为了进一步降低同步能耗，将免时间戳同步与低功耗的隐含同步结合，描述隐含节点监听免时间戳同步的过程并建立同步模型，利用最大似然估计方法对隐含节点的时钟频偏进行估计并推导 CRLB，同时，提出频偏的简化估计算法，降低计算复杂度，并通过仿真验证两种算法的有效性。

第 7 章将免时间戳同步机制与单向消息传播机制联合优化设计，形成混合同步方法，克服免时间戳同步机制只能估计时钟频偏而不能估计时钟相偏的缺点。本章首先阐述单向消息传播机制下的时钟参数估计，其次描述混合同步方法的同步模型，再推导混合同步下通用节点的时钟频偏与相偏的联合最大似然估计和相应的 CRLB，最后对混合同步方法的性能进行分析。

第 8 章讨论免时间戳同步机制下时变时钟参数的跟踪方法。基于定时响应免时间戳同步机制，建立通用节点时钟频偏的观测模型和状态模型，利用卡尔曼滤波方法动态跟踪时钟频偏，并对其进行仿真分析。在此基础上，进一步考虑通用节点的免时间戳频偏与相偏的联合跟踪，建立观测模型和状态模型，采用扩展卡尔曼滤波方法对时钟频偏与相偏进行联合跟踪和推导后验 CRLB，并通过仿真验证评估时钟参数跟踪器的性能。最后，针对免时间戳同步与隐含同步结合的同步场景，建立隐含节点时钟频偏的观测模型和状态模型，同样采用扩展卡尔曼滤波方法跟踪隐含节点相对于时钟源节点的时变频偏和推导后验 CRLB，并对其进行仿真验证。

第 2 章　时钟同步参数估计原理

本章介绍用于工业物联网中时钟同步参数估计方法研究的时钟同步模型，并简要分析影响时钟同步的主要因素——同步时延，归纳出适用于工业物联网时钟同步的典型同步方法，阐述时钟同步方法的性能评价指标。

2.1　时钟同步基本模型

在工业物联网中每个传感器节点都维持一个自己的时钟，节点的本地时钟通过对自身晶体振荡器的中断计数来实现。在理想情况下，传感器节点的本地时钟应该被定义为$T(t)=t$，其中 t 表示参考的或者理想的时间。然而，晶体振荡器的频率通常不是一成不变的，由于本身制造工艺和外界因素的影响，频率会产生一定程度的偏移。因此，在某一参考时刻 t 下，网络中任意节点 P 的本地时钟$T^{(P)}(t)$被建模为

$$T^{(P)}(t)=\frac{1}{f_{\text{nom}}}\int_{t_0}^{t} f^{(P)}(t)\,\mathrm{d}t+T^{(P)}(t_0) \tag{2.1}$$

式中，$T^{(P)}(t_0)$为在参考时间t_0下节点 P 的本地时钟；$f^{(P)}(t)$为在参考时间 t 下节点 P 晶振的真实频率；f_{nom}为晶振的理想频率；t_0为节点 P 初始计时瞬间对应的参考时间。

在较短时间间隔内，外界环境的变化非常小，以至于对传感器晶振频率产生的影响可以忽略不计。在长期的环境或者其他外界因素影响下，晶振频率会发生一定的偏移，对此可以进行周期性的时间同步来调整对应的时钟参数。因此，在短时间内，晶振的真实频率可以当作稳定不变。在这种情况下，式(2.1)可以被进一步表示为

$$T^{(P)}(t)=\frac{f^{(P)}}{f_{\text{nom}}}(t-t_0)+T^{(P)}(t_0) \tag{2.2}$$

式中，$f^{(P)}/f_{\text{nom}}$为节点 P 相对理想时钟的频率偏移。

$T^{(P)}(t_0)$随初始时刻变化，它可以表示为$T^{(P)}(t_0)=\theta_{t_0}^{(P)}+t_0$，其中$\theta_{t_0}^{(P)}$为节点 P 在参考时间t_0时对应的初始时钟偏移。不失一般性，设定初始参考时间$t_0=0$，则式(2.2)演变为

$$T^{(P)}(t)=\alpha^{(P)}t+\theta^{(P)} \tag{2.3}$$

式中，$\alpha^{(P)}=f^{(P)}/f_{\text{nom}}$；$\theta^{(P)}=\theta_{t_0}^{(P)}$。

当节点 P 晶振的实际频率等于理想频率且初始时钟偏移忽略不计时，此时的真实时钟就等于理想时钟；当晶振实际频率大于理想频率时，真实时钟相较于理想时钟运行更快；相反，当晶振实际频率小于理想频率时，真实时钟相较于理想时钟运行更慢。图 2.1 描述的就是节点 P 在不同情况下真实时钟与理想时钟的关系。

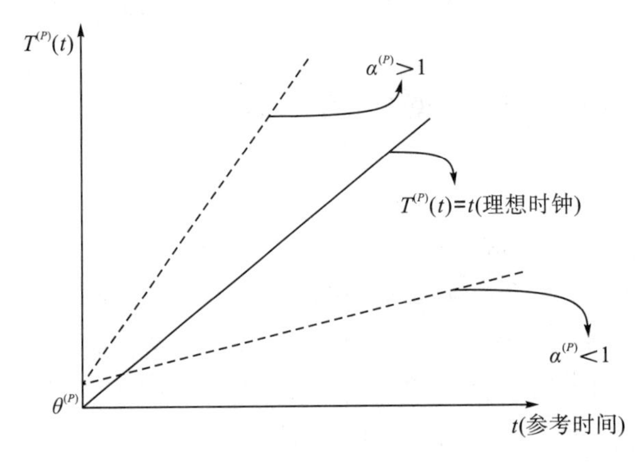

图 2.1　节点 P 在不同情况下真实时钟与理想时钟的关系

根据式(2.3)可知，对于网络中任意两个传感器节点 P 和 A，它们之间的时钟关系模型可以表示为

$$T^{(A)}(t)=\alpha^{(AP)}T^{(P)}(t)+\theta^{(AP)} \tag{2.4}$$

式中，$\alpha^{(AP)}=f^{(P)}/f^{(A)}$ 为节点 A 相对于节点 P 的时钟频率偏移(时钟频偏)；$\theta^{(AP)}$ 为节点 A 相对于节点 P 的时钟相位偏移(时钟相偏)。

显然，当 $\alpha^{(AP)}=1$ 和 $\theta^{(AP)}=0$ 时，节点 A 和节点 P 之间达到完全的时间同步。另外，在现有的一些工业物联网时间同步方案研究中，为更精确地反映不同节点时钟之间因晶振频率偏移导致的偏差，一种基于晶振频率相对差值的时钟定义方法被广泛使用。在基于差值法定义的时钟频率偏移下，节点 A 和节点 P 之间的时钟模型被表示为

$$T^{(A)}(t)=\left(\rho^{(AP)}+1\right)T^{(P)}(t)+\theta^{(AP)} \tag{2.5}$$

式中，$\rho^{(AP)}$ 为节点 A 相对于节点 P 的时钟频率偏移，且满足 $\rho^{(AP)}=\alpha^{(AP)}-1$。根据式(2.5)可知，$\rho^{(AP)}T^{(P)}(t)$ 表示从初始参考时间 $t_0=0$ 时刻开始到 $T^{(P)}(t)$ 时刻这段时间内，节点间时钟频率偏移导致的时间误差累积。这也是差值法定义时钟的意义所在，即能够更加准确地反映因节点间时钟晶振偏差而产生的时间差。显

然，在式(2.5)定义的时钟模型下，若两节点实现时间同步，则有 $\rho^{(AP)}=0$ 和 $\theta^{(AP)}=0$ 。

基于比值法定义和基于差值法定义的时钟模型都有各自不同的应用场景和物理意义。前者能直观地反映两节点间时钟运行速度的相对快慢，而后者则能精确地反映两节点时钟在一段时间间隔内因晶振频率偏移产生的累积时间误差。

2.2　同步时延分析

传感器节点是通过同步报文互换来传递时间消息的，然而报文在网络传输过程中会产生非确定性的传输延迟，导致传感器节点的时钟不能准确地同步，这也是影响同步算法性能的主要原因。因此，需要认真地对时钟同步误差产生的来源进行分析。Kopetz 和 Ochsenreiter 对同步报文传输过程中的各类时延进行了研究并将报文时间延迟分成如图 2.2 所示的 6 个部分[65]。

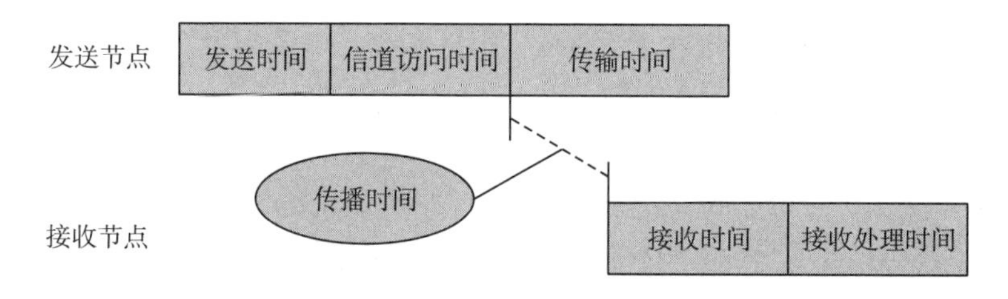

图 2.2　无线链路上同步报文传输的时延构成

发送时间(send time)：发送节点产生时钟同步报文并将该报文传送到网络接口所用的时间。发送时间延迟取决于系统的工作负荷并可能会达到上百毫秒，是不确定的。

信道访问时间(access time)：报文到达介质访问控制(media access control，MAC)层后等待进入传输信道所需要的时间。信道访问时间取决于当前的网络负载状况和底层的 MAC 层协议，时间长度可能为几毫秒到几秒，是影响时钟同步的重要因素而且时间长度极其不确定。

传输时间(transmission time)：发送节点通过物理层将一个报文发送出去所花费的时间。传输时间可以通过报文长度和发射速率的比值计算得到(大概在10ms)，通常是确定的。

传播时间(propagation time)：报文从发送节点通过无线信道传播到接收节点所需的时间。其通常小于 1μs，传播时间是确定的。

接收时间(reception time)：接收节点在物理层接收一个报文所需要的时间。其大小可以根据报文长度计算得出，通常是确定的。

接收处理时间(receive time)：接收节点对报文进行处理并通知系统所花费的时间。接收处理时间与系统操作有关，时间长度不确定。

从上述时延组成分析可知，传输时延根据时延组成的特性可以被划分为两部分：固定时延部分(包括确定性组成的传输时间、传播时间和接收时间)和随机时延部分(包括非确定组成的发送时间、信道访问时间和接收处理时间)。其中，随机时延部分是影响时间同步性能的关键因素。在目前绝大部分的工业物联网时间同步研究中，固定时延对时间同步的影响是确定的，因此固定时延通常被看作未知常量来处理；另外，根据不同的应用场景，随机时延则常被建模为遵循不同分布(如高斯分布、指数分布和韦伯分布等)的随机变量。

2.3 典型同步方法

2.3.1 基于接收者-接收者的时钟同步方法

RBS 是基于接收者-接收者的时钟同步方法，它具有“第三方广播”的特点。在 RBS 中，参考节点在每个周期广播参考报文，且这个参考报文中不需要包含时间信息，而是起到一个触发的作用。在参考节点广播范围内的多个节点收到这个参考报文，并分别记下收到的时间，随后这些节点彼此交换所记录的时间以此达到同步的目的，RBS 的同步过程如图 2.3 所示。

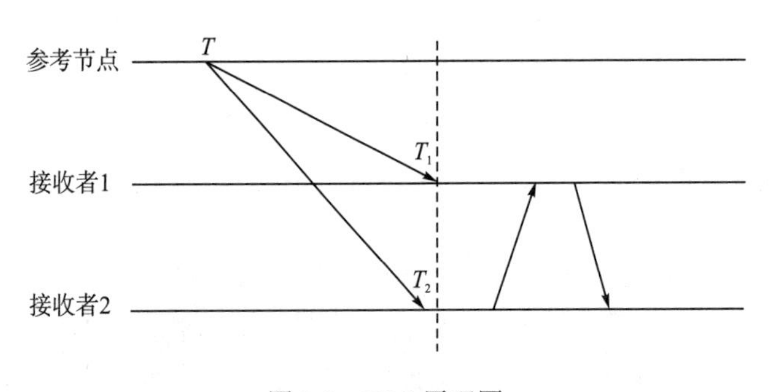

图 2.3　RBS 原理图

由图 2.3 可知，RBS 在同步过程中消除了发送方时延的不确定性引起的同步误差，即排除了发送时延和信道访问时延，其同步误差只来源于接收时间的不确定性。为了提高时钟同步的精度，通常采用参数估计的方法，即接收节点通过接收多个广播参考报文获取时间差值的样本，然后利用这些样本对时钟参数进行线性拟合。RBS 的一个不足之处是同步误差会由于节点跳数的增加而逐渐增大，在多跳网络中并不适用。

2.3.2　基于发送者-接收者的单向报文传输时钟同步方法

1. DMTS

延迟测量时间同步(delay measurement time synchronization，DMTS)是典型的基于发送者-接收者的单向报文传输时钟同步方法。该方法的基本原理如图 2.4 所示，发送方的同步报文经过 MAC 层并监听到信号为空闲时，记下本地时间 t_0，随后将其放在时钟同步报文的前导码字段后面发送出去。假设同步报文的总长度为 n 比特，根据节点的发送速率可得到发送 1bit 的时间 t，进而得到发送总时间 nt。接收节点在接收完时钟同步报文后记录时间 t_a，随后在调整本地时钟前再次记录时间 t_b，两者相减得到接收节点的接收处理时间为 $t_b - t_a$。根据上述过程可得出传感器节点应该校正的时间为 $t_0 + nt + \left(t_b - t_a\right)$，进而使自己的本地时钟同步于主节点的时钟。

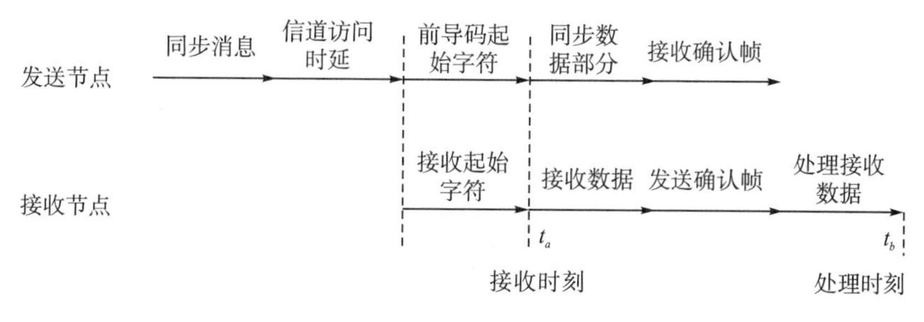

图 2.4　DMTS 同步原理图

DMTS 作为一种轻量级的时钟同步方法，通过牺牲一部分的同步精度来降低计算量和能量的消耗，比较适用于对同步精度需求不高的场景。

2. FTSP

由 Maróti 等[47]提出的泛洪时间同步协议(FTSP)也是非常经典的时钟同步方法。该方法通过简单的单向广播同步报文来实现上下级节点之间的时钟同步，并使用线性回归方法对频率偏移进行估计。FTSP 的具体实现过程如下：首先网络中每个传感器节点使用唯一的标识符(identifier，ID)来通信，根节点广播发送携带时间戳的同步报文，待同步传感器节点记下收到这个报文后的时间，同时得到携带在报文中的根节点报文发送时间，随后传感器节点便可以使用这两个时间的差值来调整自身的本地时钟。完成同步后，该节点再将携带本地时间戳的报文广播给周围待同步的传感器节点，直到网络中所有节点都进行了同步。

FTSP 主要有下面几个优点。首先，FTSP 在 MAC 层载入时间戳，从而减少了大部分的误差；其次，使用统计学方法对节点的频率偏移进行估计和补偿；最后，相比于 TPSN，FTSP 还给出了解决根节点失效问题的方法，若其他节点在预置的时间内收不到来自根节点的同步报文，则可以通过广播申请自己为根节点并在广播报文中携带标识符，经过多次筛选后最终将标识符(ID)最小的传感器节点确认为新的根节点。

2.3.3 基于发送者-接收者的双向报文交换时钟同步方法

TPSN 是基于发送者-接收者的双向报文交换同步方法。该方法采用分层的网络结构，根据层次结构进行逐层的时钟同步，最终实现整个网络传感器节点的同步。TPSN 的时钟同步过程可以分为两个不同的阶段。

1. 层次发现阶段

该阶段是网络部署完成后同步开始的第一个阶段，在整个同步过程中只需要运行一次。首先，选择一个配备 GPS 接收器的节点作为根节点，网络中的所有节点最后都将直接或者间接地与根节点进行同步。通常情况下根节点的层次号为 0，首先由根节点广播层次发现报文，其中装载了根节点的层次号以及标识符。收到该报文的传感器节点则将自身的层次号配置为 1。随后，这些层次号为 1 的节点继续广播层次发现报文，其中包含层次号 1 和相应的标识符。下一级传感器节点收到这个层次发现报文后，在上一级层次号的基础上将自身的层次号加一，依次进行直至网络中全部的节点均被赋予了层次。

2. 同步阶段

在完成上一阶段后，由根节点通过广播数据报文的形式来启动同步过程，该阶段成对节点间使用双向报文交换方法来进行时钟同步。这里假设时钟偏移在报文交换的时间内是恒定的。图 2.5 所示为 TPSN 成对节点间的双向同步报文交换过程。

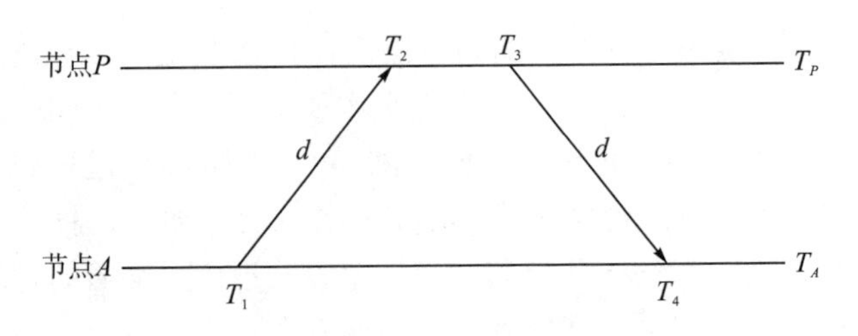

图 2.5 TPSN 双向报文交换同步

如图 2.5 所示，节点 A 首先发送同步请求报文，其中携带发送时间 T_1 和层次号，节点 P 在本地时间 T_2 收到这个请求报文，由同步过程可得，$T_2 = T_1 + d + \Delta$，其中 d 为报文传输时间，Δ为两节点的时钟偏移。随后节点 P 在

本地时间 T_3 回复同步响应报文，其中携带节点 P 的层次号和 T_1、T_2、T_3。节点 A 在 T_4 时刻收到这个响应报文，然后就可以计算出报文的传输时间和相对时钟偏移。

$$\Delta = \frac{(T_1 - T_2) - (T_4 - T_3)}{2} \tag{2.6}$$

$$d = \frac{(T_2 - T_1) + (T_4 - T_3)}{2} \tag{2.7}$$

TPSN 采用了在 MAC 层获取时间戳的策略，即在同步报文开始发送到信道时才装入时间信息，以此来消除信道访问时延所带来的误差。然而，TPSN 的同步误差会由于跳数的增加而逐渐变大，同时没有考虑根节点的失效和新节点加入后需要重新进行层次发现阶段的问题，大大增加了能量消耗。

此外，结合双向报文交换时钟同步方法和接收者-接收者同步机制，Noh 和 Serpedin[43]提出了成对广播同步(pairwise broadcast synchronization，PBS)方法。该方法利用无线媒介的广播特性使得在公共广播区域内的节点能够通过监听发送者和接收者的双向报文交换过程实现同步。图 2.6 所示为 PBS 同步示意图。

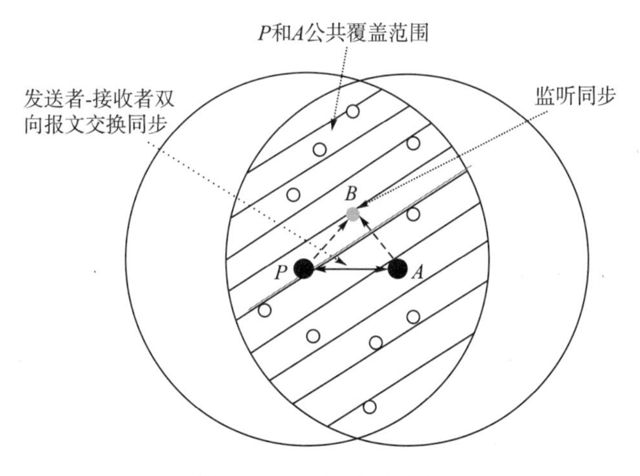

图 2.6　PBS 同步示意图

在图 2.6 中，节点 P 为时钟源节点，节点 A 为通用节点，且可以通过双向报文交换实现与节点 P 的同步。由于无线媒介的广播特性，分布在两个节点重合广播区域内(即图 2.6 所示的阴影部分)的隐含节点(例如节点 B)都能够监听到两个节点之间的时钟同步过程。

时钟源节点 P 和通用节点 A 首先进行双向报文交换同步，同时隐含节点 B 能够接收到来自节点 P 和节点 A 的时钟同步报文，并通过监听获得来自两节点的时钟同步信息。随后，隐含节点 B 利用获得的时间信息就可以使用统计信号估计方法对节点间的相对时钟偏移和频率偏移进行估计。因此，除时钟源节点 P

和通用节点 A 之外的节点只需要通过监听两者之间的时钟同步过程就可以实现自己的同步，而不需要发送任何的时钟同步报文。PBS 能够极大地减少对多个传感器节点进行时钟同步所需发送的同步报文数量，从而节省了能量。

2.4 同步性能评价

传统有线网络时间同步主要关注的问题是如何提高同步精度。然而与传统有线网络不同，在工业物联网中，因为传感器节点资源受限、处理能力有限以及通信范围限制等特点，所设计的时间同步协议不仅仅需要满足应用对同步精度的需求，还需要尽可能地降低同步中的能量开销、提高同步方案的安全性和可扩展性。目前，根据现有的工业物联网时间同步研究，可将评价其性能的主要指标分为如下几个。

1. 同步精度

同步精度是指由时间同步方法估算出来的时间与参考时间的偏差，偏差越小，精度越高。同步精度是评价时间同步方法最重要的指标之一，不同的工业物联网应用对同步精度的要求是存在差异的。简单的应用可能只需要对事件或进程进行简单排序；随着无线通信技术的发展，一些应用对同步精度的要求可能在微秒甚至纳秒量级。

2. 能量效率

每个独立传感器由电池供电，它们的小体积和低成本特点限制了高性能电池的使用，而且因为临时非集中部署导致电池不可充电和不可更换。因此，在工业物联网中，每个节点的能量资源有限，使得在设计同步方法时还需重点考虑能量效率。在传感器节点中，通信模块的能量需求是最大的。研究表明，传感器节点在百米内传输 1bit 信息所消耗的能量，大致等同于节点执行几百到几千条系统指令所消耗的能量。为了开发能量高效的同步协议，现有的研究一方面从时钟频率偏移入手，通过使用计算复杂度较高的信号处理技术对频偏进行准确的估计和矫正，从而延长再同步周期和减少通信开销；另一方面，通过采用高效的同步机制(如 PBS、免时间戳同步)来减少网络同步所需的时间信息传输量，进而实现同步的高能效性。

3. 安全性和可靠性

因为无线信道的特性，工业物联网对信息安全性和可靠性有较高的要求。在网络中，现场传感器采集的信息需要通过无线信道准确可靠地传送到目的地，以便中心设备做出准确的决策。目前，大部分时间同步协议在同步过程中需要专门的同步信息交互，而同步信息中携带的时间戳消息可能会成为无线网络中的攻击对象。因此，设计能够应对恶意攻击的时间同步协议是很有必要的。

4. 可扩展性

工业物联网由数量巨大、分布广泛的传感器节点组成。在实际应用中，随时间推移传感器可能会增加、失效以及发生位置移动等，导致网络规模发生变化。因此，时间同步协议应该具备良好的可扩展性，以应对网络规模的变化。

第3章　校正式同步基础理论

工业物联网通常由能量受限且不可充电的传感器节点组成，因此能量消耗问题是设计工业物联网的关键。直接将时间戳携带在网络的数据帧和相应的确认帧中是一种高能效同步策略，它避免了专用同步帧的传输，从而减少同步通信开销。另外，PBS 是一种典型的低功耗同步机制，其利用无线媒介的广播特性，隐含节点通过监听邻居节点的双向报文同步过程实现自身的同步，避免同步消息的发送，大幅度降低了同步能耗。但是，对于基于确认帧的时钟同步机制，其主要侧重于协议设计，而很少从统计信号处理的角度对时钟同步精度进行优化；同时，在 PBS 同步机制中，隐含节点在每个周期收到时间戳后并不立即校正自己的本地时钟，而是经过一定的同步周期后对时钟偏移和频率偏移进行联合估计，导致其在时钟参数估计这段时间内积累较大的同步误差。基于周期性校正的确认帧同步和监听同步频率偏移估计算法，在每个周期对节点的本地时钟进行简单调整，使得节点在时钟参数估计过程中能够维持一定的精度，保证系统基本的可用性。

本章首先介绍基于周期性校正的确认帧同步的同步过程，并基于通信过程建立时钟同步模型，采用最佳线性无偏估计(best linear unbiased estimate，BLUE)方法对时钟频偏进行有效估计并进行仿真验证；然后介绍基于周期性校正的监听同步，根据监听过程建立隐含节点的时钟模型，同样利用最佳线性估计方法估计隐含节点的时钟频偏，并通过数值仿真验证估计算法的性能；最后考虑报文传输过程中时钟频偏的影响，研究确认帧同步和监听同步的非线性频偏估计，推导通用节点和隐含节点频偏的最大似然估计和相应的 CRLB，并通过仿真验证最大似然估计器的有效性。

3.1　基于周期性校正的确认帧同步

3.1.1　确认帧同步过程

在一个由两个节点构成的简单网络中，节点 P 是时钟源节点，节点 A 是通用节点，两者基于确认帧机制进行周期性校正同步，同步流程如图 3.1 所示。以第 i 个同步周期为例，节点 A 构造并发送一个数据帧给节点 P，记录发送时间 $T_{1,i}^{(A)}$ 并将其携带在数据帧中；节点 P 收到该数据帧，记录接收时间 $T_{2,i}^{(P)}$，并回复

一个确认帧给节点 A，其中携带数据帧接收时间戳 $T_{2,i}^{(P)}$；节点 A 收到确认帧，解析出 $T_{2,i}^{(P)}$，随后在 $T_{5,i}^{(A)}$ 对本地时钟进行调整，假设同步报文传输过程中的固定时延是未知的，即节点 A 不知道报文在传递过程中的具体传输时间，因此节点 A 使用发送、接收时间戳的差值 $(T_{2,i}^{(P)}-T_{1,i}^{(A)})$ 校正节点的本地时间。重复上述步骤，对于第 N 个同步周期，节点 A 获得一组时间观测量，即 $\left\{T_{2,i}^{(P)},T_{1,i}^{(A)}\right\}_{i=1}^{N}$。随后节点 A 可以使用这些时间信息估计节点 A 相对于节点 P 的时钟频偏。

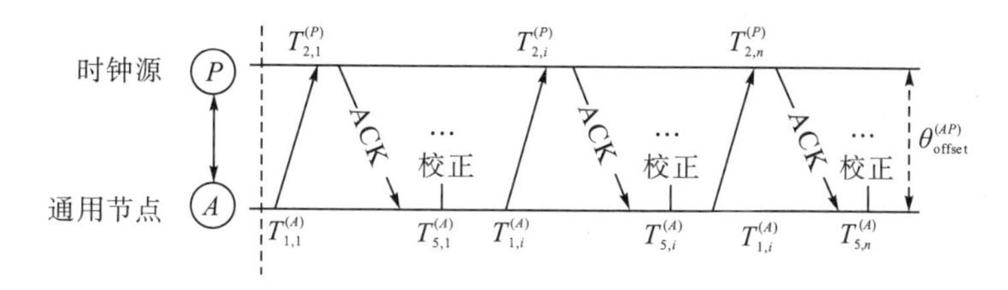

图 3.1　基于周期性校正的确认帧时钟同步流程

3.1.2　确认帧时钟同步模型

由图 3.1 可知，若网络的初始参考时间为 t_0，在第一个时钟同步周期中，根据基于差值法定义的时钟模型[式(2.5)]，节点 P 记录的接收时间 $T_{2,1}^{(P)}$ 可表示为

$$T_{2,1}^{(P)}=T_{1,1}^{(A)}+\theta_{t_0}^{(AP)}+\rho^{(AP)}(T_{1,1}^{(A)}-t_0)+d^{(AP)}+X_1^{(AP)} \tag{3.1}$$

式中，$\rho^{(AP)}$ 和 $\theta_{t_0}^{(AP)}$ 分别为节点 A 相对于节点 P 的时钟频偏和相偏；$d^{(AP)}$ 和 $X_1^{(AP)}$ 分别为报文从节点 A 到节点 P 过程中的固定时延和随机时延。此处假设在时钟同步过程中，频偏和固定时延均未知且保持不变，随机时延服从均值为 0 的高斯分布。

在随后的一个时间 $T_{5,1}^{(A)}$，节点 A 对自己的本地时间进行调整，由于固定时延 $d^{(AP)}$ 的值是未知的，节点 A 使用发送时间戳和接收时间戳的差值 $\Delta T_1^{(AP)}$ 对节点的本地时间进行校正。

$$\Delta T_1^{(AP)}=T_{2,1}^{(P)}-T_{1,1}^{(A)}=\theta_{t_0}^{(AP)}+\rho^{(AP)}(T_{1,1}^{(A)}-t_0)+d^{(AP)}+X_1^{(AP)} \tag{3.2}$$

式中，$\Delta T_1^{(AP)}$ 为发送时间戳和接收时间戳的差值。

令节点 A 调整后的时间为 $T_{5,1}^{(A)*}$：

$$T_{5,1}^{(A)*}=T_{5,1}^{(A)}+T_{2,1}^{(P)}-T_{1,1}^{(A)} \tag{3.3}$$

实际上，从 t_0 到 $T_{5,1}^{(A)}$ 期间，节点 A 和节点 P 之间真正的时钟相偏量 $\Delta T_{\text{ture},1}^{(AP)}$ 为

$$\Delta T_{\text{ture},1}^{(AP)}=\theta_{t_0}^{(AP)}+\rho^{(AP)}(T_{5,1}^{(A)}-t_0) \tag{3.4}$$

式(3.4)减去式(3.2)可得到第一次校正时钟后节点 A 相对于节点 P 新的时钟

相偏 $\theta_{t_1}^{(AP)}$ 为

$$\theta_{t_1}^{(AP)} = \Delta T_{\text{ture},1}^{(AP)} - \Delta T_1^{(AP)} = \rho^{(AP)}(T_{5,1}^{(P)} - T_{1,1}^{(A)}) - (d^{(AP)} + X_1^{(AP)}) \tag{3.5}$$

其次对于第二周期，接收时间戳 $T_{2,1}^{(P)}$ 可表示为

$$T_{2,2}^{(P)} = T_{1,2}^{(A)} + \theta_{t_1}^{(AP)} + \rho^{(AP)}(T_{1,2}^{(A)} - T_{5,1}^{(A)*}) + d^{(AP)} + X_2^{(AP)} \tag{3.6}$$

在随后的一个时间 $T_{5,2}^{(A)}$，节点 A 计算发送、接收时间戳的差值 $\Delta T_2^{(AP)}$=$(T_{2,2}^{(P)} - T_{1,2}^{(A)})$，并校正自己的本地时间。

$$\Delta T_2^{(AP)} = T_{2,2}^{(P)} - T_{1,2}^{(A)} = \theta_{t_1}^{(AP)} + \rho^{(AP)}(T_{1,2}^{(A)} - T_{5,1}^{(A)*}) + d^{(AP)} + X_2^{(AP)} \tag{3.7}$$

将 $\theta_{t_1}^{(AP)}$ 和 $T_{5,1}^{(A)*}$ 代入式(3.7)可得

$$\Delta T_2^{(AP)} = T_{2,2}^{(P)} - T_{1,2}^{(A)} = \rho^{(AP)}(T_{1,2}^{(A)} - T_{2,1}^{(\mathrm{P})} + X_2^{(AP)} - X_1^{(AP)}) + X_2^{(AP)} - X_1^{(AP)} \tag{3.8}$$

令第二次校正时钟后节点 A 的时间为 $T_{5,2}^{(A)*}$：

$$T_{5,2}^{(A)*} = T_{5,2}^{(A)} + T_{2,2}^{(P)} - T_{1,2}^{(A)} \tag{3.9}$$

实际上，节点 A 在 $T_{5,1}^{(A)*}$ 到 $T_{5,2}^{(A)}$ 时间内的真正时钟相偏 $\Delta T_{\text{ture},2}^{(AP)}$ 为

$$\Delta T_{\text{ture},2}^{(AP)} = \theta_{t_1}^{(AP)} + \rho^{(AP)}(T_{5,2}^{(A)} - T_{5,1}^{(A)*}) \tag{3.10}$$

式(3.10)和式(3.8)相减得到第二次校正后节点 A 新的时钟相偏 $\theta_{t_2}^{(AP)}$ 为

$$\theta_{t_2}^{(AP)} = \Delta T_{\text{ture},2}^{(AP)} - \Delta T_2^{(AP)} = \rho^{(AP)}(T_{5,2}^{(A)} - T_{1,2}^{(A)}) - (d^{(AP)} + X_1^{(AP)}) \tag{3.11}$$

表 3.1 归纳了节点 A 时钟同步过程中的主要参数，包括初始时钟相偏、校正时刻和校正量等。

表 3.1 节点 A 时钟同步过程的主要参数

同步周期	初始时钟相偏	校正时刻	校正量
1	$\theta_{t_0}^{(AP)}$	$T_{5,1}^{(A)}$	$\Delta T_1^{(AP)} = T_{2,1}^{(P)} - T_{1,1}^{(A)}$
2	$\theta_{t_1}^{(AP)}$	$T_{5,2}^{(A)}$	$\Delta T_2^{(AP)} = T_{2,2}^{(P)} - T_{1,2}^{(A)}$
3	$\theta_{t_2}^{(AP)}$	$T_{5,3}^{(A)}$	$\Delta T_3^{(AP)} = T_{2,3}^{(P)} - T_{1,3}^{(A)}$
⋮	⋮	⋮	⋮
i	$\theta_{t_{i-1}}^{(AP)}$	$T_{5,i}^{(A)}$	$\Delta T_i^{(AP)} = T_{2,i}^{(P)} - T_{1,i}^{(A)}$

根据表 3.1，使用上述前两个时钟同步周期的推导方法，对于第三个周期，节点 A 的校正量即发送时间戳和接收时间戳的差值 $\Delta T_3^{(AP)}$ 可表示为

$$\Delta T_3^{(AP)} = T_{2,3}^{(P)} - T_{1,3}^{(A)} = \rho^{(AP)}(T_{1,3}^{(A)} - T_{2,2}^{(P)}) + (X_3^{(AP)} - X_2^{(AP)}) \tag{3.12}$$

重复上述推导步骤，对于第 i 个同步周期，可得到基于周期性校正的确认帧时钟同步模型，如式(3.13)所示：

$$\begin{aligned} T_{2,i}^{(P)} - T_{1,i}^{(A)} &= \rho^{(AP)}(T_{1,i}^{(A)} - T_{2,i-1}^{(P)}) + X_i^{(AP)} - X_{i-1}^{(AP)} \\ &= \rho^{(AP)}(T_{1,i}^{(A)} - T_{2,i-1}^{(P)}) + V_i \qquad (i = 1,2,\cdots,N) \end{aligned} \tag{3.13}$$

式中，V_i 为相互独立的 0 均值高斯分布变量，方差为 σ^2。

3.1.3　确认帧同步频偏估计

由式(3.13)可知，基于周期性校正的确认帧时钟同步模型中频偏 $\rho^{(AP)}$ 和观测量 $T_{2,i}^{(P)} - T_{1,i}^{(A)}$ 为线性关系。因此，可以使用最佳线性无偏估计方法对节点 A 相对于时钟源节点 P 的频偏 $\rho^{(AP)}$ 进行估计。该方法不需要知道概率密度分布函数的全部知识，而只需要利用其一、二阶矩的知识就可以进行估计，简单实用，且在估计量与观测量为线性关系时，其估计结果是最优的。

根据式(3.13)，令 $R_i = T_{2,i}^{(P)} - T_{1,i}^{(A)}$，$D_i = T_{1,i}^{(A)} - T_{2,i-1}^{(P)}$，则该式可表示如下：

$$R_i = \rho^{(AP)} D_i + V_i \quad (i = 1,2,\cdots,N) \tag{3.14}$$

使用最佳线性无偏估计对频偏 $\rho^{(AP)}$ 进行估计。为了简化计算，式(3.14)可写成矩阵形式：

$$\boldsymbol{R} = \boldsymbol{D}\rho^{(AP)} + \boldsymbol{V} \tag{3.15}$$

式中，$\boldsymbol{R} = [R_1 \quad R_2 \quad \cdots \quad R_N]^{\mathrm{T}}$；$\boldsymbol{V} = [V_1 \quad V_2 \quad \cdots \quad V_N]^{\mathrm{T}}$；$\boldsymbol{D} = [D_1 \quad D_2 \quad \cdots \quad D_N]^{\mathrm{T}}$。

噪声矢量 $\boldsymbol{V}$ 服从高斯分布 $\boldsymbol{V}_i \sim N(0, \sigma^2 \boldsymbol{I})$，且观测矩阵 $\boldsymbol{D}$ 已知。根据文献[65]中的定理 6.1 可得，节点 A 相对于时钟源 P 的频偏的最佳线性无偏估计 $\hat{\rho}_{\mathrm{BLUE}}^{(AP)}$ 可表示为：

$$\begin{aligned} \hat{\rho}_{\mathrm{BLUE}}^{(AP)} &= (\boldsymbol{D}^{\mathrm{T}}\boldsymbol{D})^{-1}\boldsymbol{D}^{\mathrm{T}}\boldsymbol{R} \\ &= \frac{\sum_{i=1}^{N} R_i D_i}{\sum_{i=1}^{N} D_i^2} = \frac{\sum_{i=1}^{N} (T_{2,i}^{(P)} - T_{1,i}^{(A)})(T_{1,i}^{(A)} - T_{2,i-1}^{(P)})}{\sum_{i=1}^{N} (T_{1,i}^{(A)} - T_{2,i-1}^{(P)})^2} \end{aligned} \tag{3.16}$$

CRLB 可为无偏估计量的性能比较提供一个标准。无偏估计量的均方误差(mean square error，MSE)与 CRLB 越接近其性能越好，最好的情况是两者相等，此时的估计为最小方差无偏估计量，但不会出现 MSE 小于 CRLB 的情况。同理，其相应的 CRLB 下限为

$$\mathrm{Var}(\hat{\rho}_{\mathrm{BLUE}}^{(AP)}) \geqslant \sigma^2 (\boldsymbol{D}^{\mathrm{T}}\boldsymbol{D})^{-1} = \frac{\sigma^2}{\sum_{i=1}^{N} \left(T_{1,i}^{(A)} - T_{2,i-1}^{(P)}\right)^2} \tag{3.17}$$

最佳线性无偏估计 $\hat{\rho}_{\mathrm{BLUE}}^{(AP)}$ 的均方误差可求得为

$$\mathrm{MSE}(\hat{\rho}_{\mathrm{BLUE}}^{(AP)}) = E\left\{\left(\hat{\rho}_{\mathrm{BLUE}}^{(AP)} - \rho^{(AP)}\right)^2\right\} = \frac{\sigma^2}{\sum_{i=1}^{N}\left(T_{1,i}^{(A)} - T_{2,i-1}^{(P)}\right)^2} \tag{3.18}$$

因此，使用式(3.16)对频偏 $\rho^{(AP)}$ 进行估计和补偿，节点 A 就能实现与时钟源的同步，延长同步周期，节省能量。同时由式(3.16)可知，节点 A 在对频偏估计的过程中不需要知道校正时刻 $T_{5,i}^{(A)}$ 以及报文传输中的固定时延 $d^{(AP)}$ 。

3.1.4 仿真验证

图 3.2 给出了节点 A 频偏的最佳线性无偏估计的 CRLB 和均方误差曲线仿真图，仿真的周期数为 5～30，标准差 $\sigma = 0.75$ 。由图 3.2 可知，当周期数量增大时其均方误差曲线趋近于 0，且均方误差曲线与 CRLB 曲线完全重合，表明节点 A 频偏的最佳线性无偏估计是有效的且其估计性能达到最优，即节点 A 能够使用最佳线性无偏估计法对频偏进行准确估计，实现与时钟源 P 的同步。

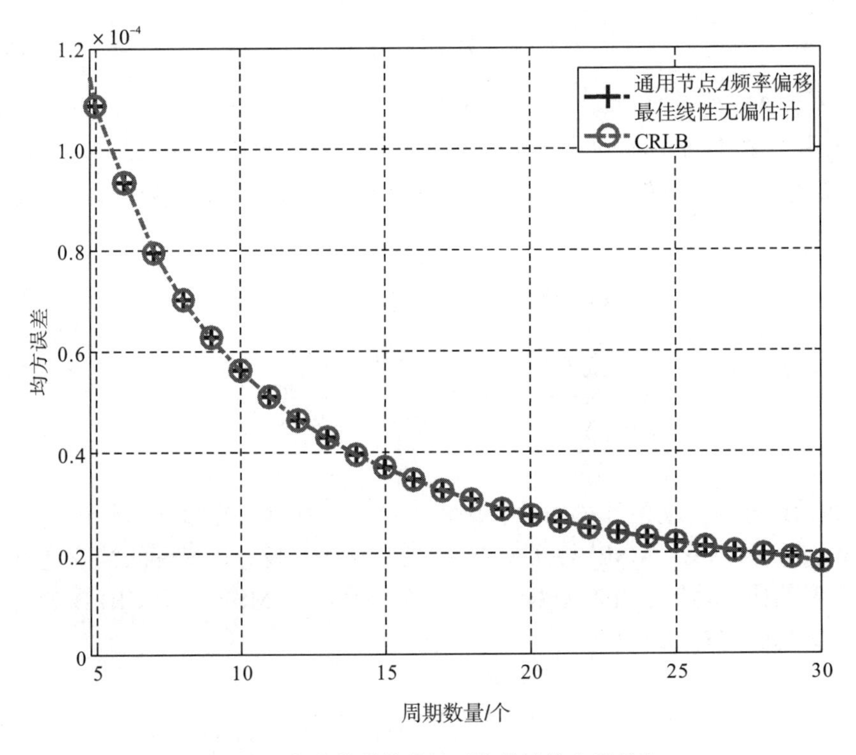

图 3.2 节点 A 频偏的最佳线性无偏估计均方误差和 CRLB

3.2　基于周期性校正的监听同步

3.2.1　监听同步过程

基于周期性校正的监听时钟同步流程如图 3.3 所示。

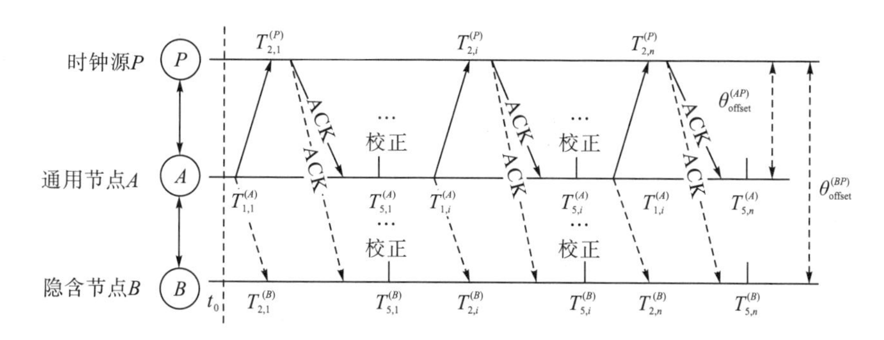

图 3.3　基于周期性校正的监听时钟同步流程

在图 3.3 中，以第 i 个同步周期为例，节点 B 收到节点 A 发送的数据报文并记录接收时间为 $T_{2,i}^{(B)}$。此外，节点 B 还能监听得到节点 A 的数据帧发送时间 $T_{1,i}^{(A)}$ 和节点 P 的数据帧接收时间 $T_{2,i}^{(P)}$。在随后的一个时间 $T_{5,i}^{(B)}$，节点 B 对自己的本地时钟进行校正。假设同步报文传输过程中的固定时延未知，节点 B 通过时间戳 $T_{2,i}^{(B)}$ 和 $T_{2,i}^{(P)}$ 的差值 $(T_{2,i}^{(P)}-T_{2,i}^{(B)})$ 来校正节点的本地时钟。重复上述步骤，经过 N 个同步周期后，节点 B 获得一组同步时间信息，即 $\left\{T_{2,i}^{(P)},T_{1,i}^{(A)},T_{2,i}^{(B)}\right\}_{i=1}^{N}$，随后节点 B 使用这些时间信息对节点 B 相对于节点 P 的频偏进行估计。

3.2.2　监听时钟同步模型

由图 3.3 可得，对于第一个时钟同步周期，根据基于差值法定义的时钟模型[式(2.5)]，节点 B 的接收时间 $T_{2,i}^{(B)}$ 可表示为

$$T_{2,1}^{(B)}=T_{1,1}^{(A)}+\theta_{t_0}^{(AB)}+\rho^{(AB)}(T_{1,1}^{(A)}-t_0)+d^{(AB)}+X_1^{(AB)} \tag{3.19}$$

式中，$\rho^{(AB)}$ 和 $\theta_{t_0}^{(AB)}$ 分别为节点 A 相对于节点 B 的时钟频偏与相偏；$d^{(AB)}$ 和 $X_1^{(AB)}$ 分别为报文从节点 A 到节点 B 过程中经历的固定时延和随机时延。假设在监听同步过程中，节点的频偏和固定时延均保持不变，且随机时延服从均值为 0、方差为 $\sigma^2/2$ 的高斯分布。

由第 2 章可知，在两个节点(比如节点 A 和 P)时钟同步的过程中相对频偏通

常被定义为$\rho^{(AP)}=f_P/f_A-1$。然而，在三个节点时钟同步过程中，为了方便处理，针对监听节点的间接时钟同步关系往往使用到另外一种相对频偏的延伸定义。在此种情况下监听节点 B 和节点 P 之间的相对频偏采用基于差值的方法来定义，即$\rho^{(BP)}=\rho^{(AP)}-\rho^{(AB)}$，同样，节点 B 和节点 P 之间的相对时钟相偏为$\theta_{t_i}^{(BP)}=\theta_{t_i}^{(AP)}-\theta_{t_i}^{(AB)}$。

式(3.1)减去式(3.19)可得

$$\begin{aligned}\Delta T_1^{(BP)}&=T_{2,1}^{(P)}-T_{2,1}^{(B)}\\&=T_{1,1}^{(A)}+\theta_{t_0}^{(BP)}+\rho^{(BP)}(T_{1,1}^{(A)}-t_0)+(d^{(AP)}-d^{(AB)})+(X_1^{(AP)}-X_1^{(AB)})\end{aligned}\tag{3.20}$$

式中，$\Delta T_1^{(BP)}$为节点P和节点B之间接收时间戳的差值。

在随后的一个时间$T_{5,1}^{(B)}$，节点 B 使用$\Delta T_1^{(BP)}$对自己的本地时钟进行调整。设节点B调整后的时间为$T_{5,1}^{(B)*}$，则有

$$T_{5,1}^{(B)*}=T_{5,1}^{(B)}+T_{2,1}^{(P)}-T_{2,1}^{(B)}\tag{3.21}$$

实际上，从t_0到$T_{5,1}^{(B)}$期间，节点B和节点P之间真正的时钟相偏量$\Delta T_{\text{ture},1}^{(BP)}$为

$$\Delta T_{\text{ture},1}^{(BP)}=\theta_{t_0}^{(BP)}+\rho^{(BP)}(T_{5,1}^{(B)}-t_0)\tag{3.22}$$

式(3.22)减去式(3.20)可得第一次校正后，节点 B 相对于 P 新的时钟相偏$\theta_{t_1}^{(BP)}$为

$$\theta_{t_1}^{(BP)}=\Delta T_{\text{ture},1}^{(BP)}-\Delta T_1^{(BP)}=\rho^{(BP)}(T_{5,1}^{(B)}-T_{1,1}^{(A)})-(d^{(AP)}-d^{(AB)})-(X_1^{(AP)}-X_1^{(AB)})\tag{3.23}$$

由于$X_i^{(AP)}$和$X_i^{(AB)}$是相互独立的高斯随机分布变量，令$w_i=X_i^{(AP)}-X_i^{(AB)}$，其中$w_i\sim N(0,\sigma^2/2)$，则式(3.23)可写成

$$\theta_{t_1}^{(BP)}=\rho^{(BP)}(T_{5,1}^{(B)}-T_{1,1}^{(A)})-(d^{(AP)}-d^{(AB)})-w_1\tag{3.24}$$

在接下来的第二个周期，接收时间戳$T_{2,1}^{(B)}$可表示为

$$T_{2,2}^{(B)}=T_{1,2}^{(A)}+\theta_{t_1}^{(AB)}+\rho^{(AB)}(T_{1,2}^{(A)}-T_{5,1}^{(AB)*})+d^{(AB)}+X_2^{(AB)}\tag{3.25}$$

式中，$\theta_{t_1}^{(AB)}$为第一次校正后节点 A 相对于节点 B 新的相偏；$T_{5,1}^{(AB)*}$为节点 B 在时刻为$T_{5,1}^{(B)*}$时节点A对应的本地时间。

同理，根据上文中监听节点B和节点P之间频偏$\rho^{(BP)}$和相偏$\theta_{t_i}^{(BP)}$的定义，式(3.6)减去式(3.25)可得

$$T_{2,2}^{(P)}-T_{2,2}^{(B)}=\theta_{t_1}^{(BP)}+\theta_{\text{mp},1}+d^{(AP)}-d^{(AB)}+w_2\tag{3.26}$$

式中，w_2为$X_2^{(AP)}-X_2^{(AB)}$；$\theta_{\text{mp},1}$为从$T_{5,1}^{(B)*}$到$T_{1,2}^{(A)}$时间内积累的时钟相偏。

将$\theta_{t_1}^{(BP)}$代入式(3.26)可得

$$T_{2,2}^{(P)}-T_{2,2}^{(B)}=\rho^{(BP)}(T_{5,1}^{(B)}-T_{1,1}^{(A)})+\theta_{\text{mp},1}+w_2-w_1\tag{3.27}$$

式中，$\rho^{(BP)}(T_{5,1}^{(B)}-T_{1,1}^{(A)})$ 为从 $T_{1,1}^{(A)}$ 到 $T_{5,1}^{(B)}$ 时间内节点 B 和节点 P 之间频偏 $\rho^{(BP)}$ 而累积的时钟相偏。

同时，节点 B 在 $T_{5,1}^{(B)}$ 使用 $\Delta T_1^{(BP)}$ 对本地时间进行了校正。因此，多项式 $\rho^{(BP)}(T_{5,1}^{(B)}-T_{1,1}^{(A)})+\theta_{\text{mp},1}$ 可转化为

$$\rho^{(BP)}(T_{5,1}^{(B)}-T_{1,1}^{(A)})+\theta_{\text{mp},1}=\rho^{(BP)}(T_{1,2}^{(A)}-T_{1,1}^{(A)}+T_{2,1}^{(B)}-T_{2,1}^{(P)}) \tag{3.28}$$

将式(3.28)代入式(3.27)可得

$$T_{2,2}^{(P)}-T_{2,2}^{(B)}=\rho^{(BP)}(T_{1,2}^{(A)}-T_{1,1}^{(A)}+T_{2,1}^{(B)}-T_{2,1}^{(P)})+(w_2-w_1) \tag{3.29}$$

类似地，在随后的一个时间 $T_{5,2}^{(B)}$，节点 B 使用 $\Delta T_2^{(AP)}=(T_{2,2}^{(P)}-T_{2,2}^{(B)})$ 校正本地时钟。令校正后节点 B 的时间为 $T_{5,2}^{(B)*}$，则有

$$T_{5,2}^{(B)*}=T_{5,2}^{(B)}+T_{2,2}^{(P)}-T_{2,2}^{(B)} \tag{3.30}$$

实际上，节点 B 在 $T_{5,1}^{(B)*}$ 到 $T_{5,2}^{(B)}$ 时间内的真正时钟相偏 $\Delta T_{\text{ture},2}^{(BP)}$ 可表示为

$$\Delta T_{\text{ture},2}^{(BP)}=\theta_{t_1}{}^{(BP)}+\rho^{(BP)}(T_{5,2}^{(B)}-T_{5,1}^{(B)*}) \tag{3.31}$$

式(3.31)减去式(3.29)得到第二次校正后节点 B 新的时钟相偏 $\theta_{t_2}{}^{(BP)}$ 为

$$\theta_{t_2}{}^{(BP)}=\rho^{(BP)}(T_{5,2}^{(B)}-T_{5,1}^{(B)*})-\theta_{\text{mp},1}-w_2 \tag{3.32}$$

表 3.2 列出了节点 B 时钟同步过程中的主要参数，包括初始时钟相偏、校正时刻和校正量等。根据表 3.2，使用类似的推导方法，则第三个周期节点 B 的校正量 $\Delta T_3^{(AP)}$ 可表示为

$$\begin{aligned}\Delta T_3^{(AP)}&=T_{2,3}^{(P)}-T_{2,3}^{(B)}\\&=\rho^{(BP)}(T_{1,3}^{(A)}-T_{1,2}^{(A)}+T_{2,2}^{(B)}-T_{2,2}^{(P)})+(w_3-w_2)\end{aligned} \tag{3.33}$$

表 3.2　监听节点 B 时钟同步的主要参数

同步周期	初始时钟相偏	校正时刻	校正量
1	$\theta_{t_0}{}^{(BP)}$	$T_{5,1}{}^{(B)}$	$\Delta T_1^{(BP)}=T_{2,1}^{(P)}-T_{2,1}^{(B)}$
2	$\theta_{t_1}{}^{(BP)}$	$T_{5,2}{}^{(B)}$	$\Delta T_2^{(BP)}=T_{2,2}^{(P)}-T_{2,2}^{(B)}$
3	$\theta_{t_2}{}^{(BP)}$	$T_{5,3}{}^{(B)}$	$\Delta T_3^{(BP)}=T_{2,3}^{(P)}-T_{2,3}^{(B)}$
⋮	⋮	⋮	⋮
i	$\theta_{t_{i-1}}{}^{(BP)}$	$T_{5,i}{}^{(B)}$	$\Delta T_i^{(BP)}=T_{2,i}^{(P)}-T_{2,i}^{(B)}$

重复上述步骤，对于第 i 个同步周期，可得到基于周期性校正的监听时钟同步模型如式(3.34)所示：

$$\begin{aligned}&T_{2,i}^{(P)}-T_{2,i}^{(B)}\\&=\rho^{(BP)}(T_{1,i}^{(A)}-T_{1,i-1}^{(A)}+T_{2,i-1}^{(B)}-T_{2,i-1}^{(P)})+w_i-w_{i-1}\\&=\rho^{(BP)}(T_{1,i}^{(A)}-T_{1,i-1}^{(A)}+T_{2,i-1}^{(B)}-T_{2,i-1}^{(P)})+W_i\quad(i=1,2,\cdots,N)\end{aligned}\tag{3.34}$$

式中，W_i 为相互独立的高斯分布噪声变量，均值为 0，方差为 σ^2。

3.2.3 监听同步频偏估计

由式(3.34)可知，基于周期性校正的监听时钟同步模型中频偏 $\rho^{(BP)}$ 和观测量 $(T_{2,i}^{(P)}-T_{2,i}^{(B)})$ 为线性关系。因此，可以使用最佳线性无偏估计方法对节点 B 和节点 P 的相对频偏 $\rho^{(BP)}$ 进行估计。对于式(3.34)，使用最佳线性无偏估计对频偏 $\rho^{(BP)}$ 进行估计。令 $U_i=T_{2,i}^{(P)}-T_{2,i}^{(B)}$，$H_i=T_{1,i}^{(A)}-T_{1,i-1}^{(A)}+T_{2,i-1}^{(B)}-T_{2,i-1}^{(P)}$，则有

$$U_i=\rho^{(BP)}H_i+W_i\quad(i=1,2,\cdots,N)\tag{3.35}$$

基于观测值 $\left\{T_{2,i}^{(P)},T_{1,i}^{(A)},T_{2,i}^{(B)}\right\}_{i=1}^{N}$，将式(3.35)转换成矩阵形式可得

$$\boldsymbol{U}=\boldsymbol{H}\rho^{(BP)}+\boldsymbol{W}\tag{3.36}$$

式中，$\boldsymbol{U}=[\,U_1\ \ U_2\ \cdots\ U_N\,]^{\mathrm T}$；$\boldsymbol{V}=[\,V_1\ \ V_2\ \cdots\ V_N\,]^{\mathrm T}$；$\boldsymbol{H}=[\,H_1\ \ H_2\ \cdots\ H_N\,]^{\mathrm T}$；$\boldsymbol{W}$ 为服从高斯分布的噪声变量 $\boldsymbol{W}_i\sim N(0,\sigma^2\boldsymbol{I})$。

由参考文献[65]中的定理 6.1 可得，节点 B 频偏的最佳线性无偏估计 $\hat{\rho}_{\mathrm{BLUE}}^{(BP)}$ 和相应的 CRLB 可分别表示为

$$\begin{aligned}\hat{\rho}_{\mathrm{BLUE}}^{(BP)}&=(\boldsymbol{H}^{\mathrm T}\boldsymbol{H})^{-1}\boldsymbol{H}^{\mathrm T}\boldsymbol{U}=\frac{\sum_{i=1}^{N}U_iH_i}{\sum_{i=1}^{N}H_i^2}\\&=\frac{\sum_{i=1}^{N}(T_{2,i}^{(P)}-T_{2,i}^{(B)})(T_{1,i}^{(A)}-T_{1,i-1}^{(A)}+T_{2,i-1}^{(B)}-T_{2,i-1}^{(P)})}{\sum_{i=1}^{N}(T_{1,i}^{(A)}-T_{1,i-1}^{(A)}+T_{2,i-1}^{(B)}-T_{2,i-1}^{(P)})^2}\end{aligned}\tag{3.37}$$

$$\mathrm{Var}(\hat{\rho}_{\mathrm{BLUE}}^{(BP)})\geqslant\sigma^2(\boldsymbol{H}^{\mathrm T}\boldsymbol{H})^{-1}=\frac{\sigma^2}{\sum_{i=1}^{N}\left(T_{1,i}^{(A)}-T_{1,i-1}^{(A)}+T_{2,i-1}^{(B)}-T_{2,i-1}^{(P)}\right)^2}\tag{3.38}$$

同时，可求得节点 B 频偏最佳线性无偏估计的均方误差表达式为

$$\begin{aligned}\mathrm{MSE}(\hat{\rho}_{\mathrm{BLUE}}^{(BP)})&=E\left\{\left(\hat{\rho}_{\mathrm{BLUE}}^{(BP)}-\rho^{(BP)}\right)^2\right\}\\&=\frac{\sigma^2}{\sum_{i=1}^{N}\left(T_{1,i}{}^{(A)}-T_{1,i-1}^{(A)}+T_{2,i-1}^{(B)}-T_{2,i-1}^{(P)}\right)^2}\end{aligned}\tag{3.39}$$

因此，使用式(3.37)估计出频偏 $\rho^{(BP)}$，节点 B 就能实现与时钟源节点 P 的同步。类似地，节点 A 和节点 P 公共广播区域的其他节点也能同时与时钟源 P 进行同步，而不需要发送额外的时钟同步报文，从而节省了大量的能量。同时，由式(3.37)可知，节点 B 在对频偏估计的过程中不需要知道报文传输中的固定时延以及校正时刻 $T_{5,i}^{(B)}$。

3.2.4　仿真验证

图 3.4 绘出了节点 B 最佳线性无偏估计 $\hat{\rho}_{\text{BLUE}}^{(BP)}$ 的 CRLB 和均方误差曲线，标准差 $\sigma=0.75$，仿真的周期数为 5～30。由图 3.4 可知，当周期数量增大时其均方误差曲线趋近于 0，且均方误差曲线与 CRLB 曲线完全重合，证明节点 B 频偏的最佳线性无偏估计 $\hat{\rho}_{\text{BLUE}}^{(BP)}$ 是有效的且其估计性能达到最优，即节点 B 能够使用最佳线性无偏估计方法对频偏进行估计和补偿，实现与时钟源节点 P 的同步。

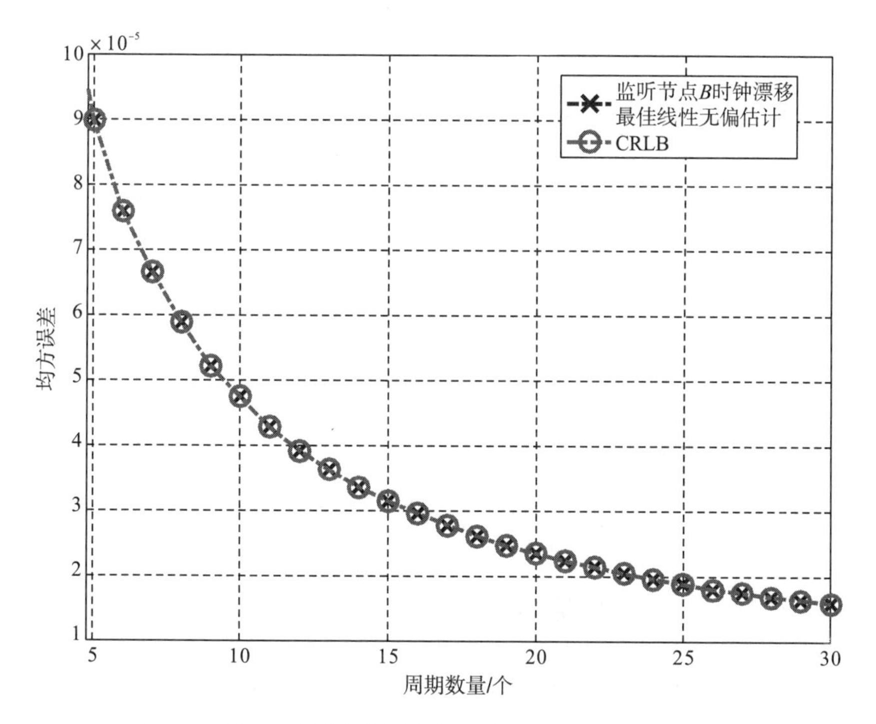

图 3.4　节点 B 频偏的最佳线性无偏估计均方误差和 CRLB

图 3.5 为节点 B 频偏估计 $\hat{\rho}_{\text{BLUE}}^{(BP)}$ 和节点 A 频偏估计 $\hat{\rho}_{\text{BLUE}}^{(AP)}$ 的性能对比图，标准差 $\sigma=1$，仿真的周期数为 5～30。由仿真结果可知，$\hat{\rho}_{\text{BLUE}}^{(BP)}$ 的均方误差曲线在 $\hat{\rho}_{\text{BLUE}}^{(AP)}$ 的均方误差曲线的下方，说明监听节点 B 频偏的估计性能略高于确认帧同步

节点 A 频偏的估计性能。这是因为相比于节点 A 的均方误差$\mathrm{MSE}(\hat{\rho}_{\mathrm{BLUE}}^{(AP)})$，节点 B 的均方误差$\mathrm{MSE}(\hat{\rho}_{\mathrm{BLUE}}^{(BP)})$中的多项式$(T_{2,i-1}^{(B)}-T_{1,i-1}^{(A)})$恒为正，事实上隐含节点 B 在同步报文交互以及频偏估计过程中比节点 A 多获得了一组时间戳$\left\{T_{2,i}^{(B)}\right\}_{i=1}^{N}$，因此监听节点 B 频偏的估计性能略优于确认帧同步节点 A 频偏的估计性能。

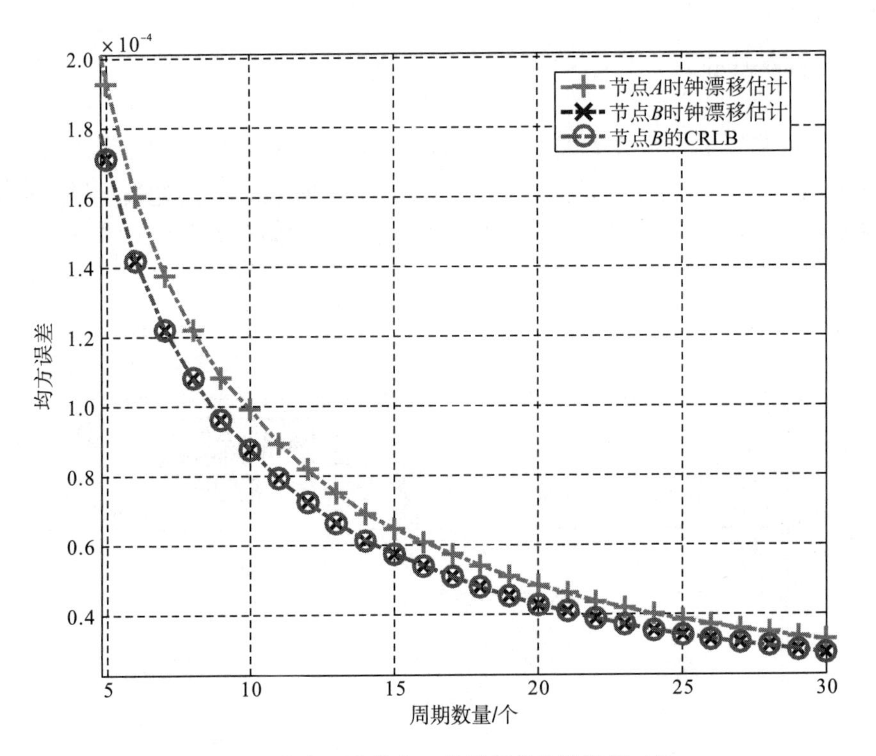

图 3.5 节点 B 和节点 A 线性频偏估计性能对比

3.3 非线性校正式同步

3.3.1 确认帧同步非线性频偏估计

根据图 3.1，考虑报文从节点 A 传输到节点 P 过程中频偏 $\rho^{(AP)}$ 的影响，节点 P 记录的时间 $T_{2,1}{}^{(P)}$ 可表示为

$$T_{2,1}^{(P)}=T_{1,1}^{(A)}+\theta_{t_0}^{(AP)}+\rho^{(AP)}(T_{1,1}^{(A)}-t_0)+d^{(AP)}+X_1{}^{(AP)}+\rho^{(AP)}(d^{(AP)}+X_1{}^{(AP)}) \tag{3.40}$$

式中，$\rho^{(AP)}(d^{(AP)}+X_1{}^{(AP)})$为节点 A 和节点 P 在报文传输过程中由于频偏 $\rho^{(AP)}$ 而产生的额外时钟相偏。

此时，发送时间戳 $T_{1,1}^{(A)}$ 和接收时间戳 $T_{2,1}^{(P)}$ 的差值 $\Delta T_1^{(AP)*}$ 为

$$\begin{aligned}\Delta T_1^{(AP)*} &= T_{2,1}^{(P)} - T_{1,1}^{(A)} \\ &= \theta_{t_0}^{(AP)} + \rho^{(AP)}(T_{1,1}^{(A)} - t_0) + d^{(AP)} + X_1^{(AP)} + \rho^{(AP)}(d^{(AP)} + X_1^{(AP)})\end{aligned} \tag{3.41}$$

随后，节点 A 在 $T_{5,1}^{(A)}$ 使用 $\Delta T_1^{(AP)*}$ 对节点的本地时钟进行校正。式(3.4)与式(3.41)相减可得第一次校正后节点 A 新的时钟相偏 $\theta_{t_1}^{(AP)*}$ 为

$$\theta_{t_1}^{(AP)*} = \Delta T_{\text{ture},1}^{(AP)} - \Delta T_1^{(AP)*} = \rho^{(AP)}(T_{5,1}^{(A)} - T_{1,1}^{(A)}) - (1+\rho^{(AP)})(d^{(AP)} + X_1^{(AP)}) \tag{3.42}$$

类似地，对于第二个同步周期，接收时间戳 $T_{2,2}^{(P)}$ 可写成

$$\begin{aligned}T_{2,2}^{(P)} &= T_{1,2}^{(A)} + \theta_{t_1}^{(AP)*} + \rho^{(AP)}(T_{1,2}^{(A)} - T_{5,1}^{(A)*}) \\ &\quad + d^{(AP)} + X_2^{(AP)} + \rho^{(AP)}(d^{(AP)} + X_2^{(AP)})\end{aligned} \tag{3.43}$$

式中，$T_{5,1}^{(A)*}$ 为第一次校正后节点 A 的时间。

将式(3.42)和式(3.3)代入式(3.43)可得到第二个周期节点 A 的校正量 $\Delta T_2^{(AP)*}$ 为

$$\Delta T_2^{(AP)*} = T_{2,2}^{(P)} - T_{1,2}^{(A)} = \rho^{(AP)}(T_{1,2}^{(A)} - T_{2,1}^{(P)} + X_2^{(AP)} - X_1^{(AP)}) + X_2^{(AP)} - X_1^{(AP)} \tag{3.44}$$

表 3.3 归纳了改进的非线性频偏估计算法中通用节点 A 时钟同步过程中的主要参数，包括初始时钟相偏、校正时刻和校正量。

表 3.3　改进的算法中节点 A 时钟同步的主要参数

同步周期	初始时钟相偏	校正时刻	校正量
1	$\theta_{t_0}^{(AP)}$	$T_{5,1}^{(A)}$	$\Delta T_1^{(AP)*} = T_{2,1}^{(P)} - T_{1,1}^{(A)}$
2	$\theta_{t_1}^{(AP)*}$	$T_{5,2}^{(A)}$	$\Delta T_2^{(AP)*} = T_{2,2}^{(P)} - T_{1,2}^{(A)}$
3	$\theta_{t_2}^{(AP)*}$	$T_{5,3}^{(A)}$	$\Delta T_3^{(AP)*} = T_{2,3}^{(P)} - T_{1,3}^{(A)}$
⋮	⋮	⋮	⋮
i	$\theta_{t_{i-1}}^{(AP)*}$	$T_{5,i}^{(A)}$	$\Delta T_i^{(AP)*} = T_{2,i}^{(P)} - T_{1,i}^{(A)}$

根据表 3.3，对于第 i 个周期，节点 A 的校正量 $\Delta T_i^{(AP)*}$ 可表示为

$$\begin{aligned}\Delta T_i^{(AP)*} &= T_{2,i}^{(P)} - T_{1,i}^{(A)} \\ &= \rho^{(AP)}(T_{1,i}^{(A)} - T_{2,i-1}^{(P)}) + (1+\rho^{(AP)})(X_i^{(AP)} - X_{i-1}^{(AP)}) \\ &= \rho^{(AP)}(T_{1,i}^{(A)} - T_{2,i-1}^{(P)}) + (1+\rho^{(AP)})V_i \qquad (i=1,2,\cdots,N)\end{aligned} \tag{3.45}$$

式中，V_i 为相互独立的高斯分布，均值为 0，方差为 σ^2。

显然，式(3.45)为非线性模型，对于非线性模型，可以采用最大似然估计法对频偏 $\rho^{(AP)}$ 进行估计。

1. 最大似然估计

最大似然估计法是人们获得估计的通用方法，具有简单实用的特点。最大似然估计法把需要估计的参数看作确定性的量(只是其取值未知)，其最佳估计就是使似然函数为最大的那个值。另外，当观测数据足够多时，其性能是最优的。

由式(3.45)可得，基于观测量$\left\{T_{2,i}^{(P)},T_{1,i}^{(A)}\right\}_{i=1}^{N}$，$(\rho^{(AP)},\sigma^2)$的似然函数可表示为

$$L(\rho^{(AP)},\sigma^2)=\frac{1}{(2\pi\sigma^2)^{\frac{N}{2}}}\cdot\exp\left[-\frac{1}{2\sigma^2}\sum_{i=1}^{N}\left(\frac{T_{2,i}^{(P)}-T_{1,i}^{(A)}-\rho^{(AP)}(T_{1,i}^{(A)}-T_{2,i-1}^{(P)})}{(1+\rho^{(AP)})}\right)^2\right] \tag{3.46}$$

取对数，得到对数似然函数为

$$\ln L(\rho^{(AP)},\sigma^2)=-\frac{N}{2}\ln(2\pi\sigma^2)-\frac{1}{2\sigma^2}\sum_{i=1}^{N}\left(\frac{T_{2,i}^{(P)}-T_{1,i}^{(A)}-\rho^{(AP)}(T_{1,i}^{(A)}-T_{2,i-1}^{(P)})}{1+\rho^{(AP)}}\right)^2 \tag{3.47}$$

式(3.47)对频偏$\rho^{(AP)}$求偏导数可得

$$\frac{\partial\ln L(\rho^{(AP)},\sigma^2)}{\partial\rho^{(AP)}}=\frac{\sum_{i=1}^{N}\left[(T_{2,i}^{(P)}-T_{1,i}^{(A)}-\rho^{(AP)}(T_{1,i}^{(A)}-T_{2,i-1}^{(P)}))(T_{2,i}^{(P)}-T_{2,i-1}^{(P)})\right]}{\sigma^2(1+\rho^{(AP)})^3} \tag{3.48}$$

令式(3.48)等于0，解得$\rho^{(AP)}$的最大似然估计为

$$\hat{\rho}_{\mathrm{MLE}}^{(AP)}=\frac{\sum_{i=1}^{N}\left[(T_{2,i}^{(P)}-T_{1,i}^{(A)})(T_{1,i}^{(A)}-T_{2,i-1}^{(P)})+(T_{2,i}^{(P)}-T_{1,i}^{(A)})^2\right]}{\sum_{i=1}^{N}\left[(T_{1,i}^{(A)}-T_{2,i-1}^{(P)})^2+(T_{2,i}^{(P)}-T_{1,i}^{(A)})(T_{1,i}^{(A)}-T_{2,i-1}^{(P)})\right]} \tag{3.49}$$

因此，根据式(3.49)，节点A就能估计出频偏的非线性估计，实现其与节点P的同步。

2. CRLB 下限

由于随机报文延迟的方差未知，可将σ^2和$\rho^{(AP)}$视为一个矢量参数$\boldsymbol{\xi}=\left[\rho^{(AP)}\ \ \sigma^2\right]^{\mathrm{T}}$，通过对$\boldsymbol{\xi}$的费希尔信息矩阵$\boldsymbol{I}(\boldsymbol{\xi})$求逆就可求得相应的CRLB。式(3.46)分别对$\rho^{(AP)}$和$\sigma^2$求偏导数，可得

$$\frac{\partial\ln L(\rho^{(AP)},\sigma^2)}{\partial\sigma^2}=-\frac{N}{2\sigma^2}+\frac{\sum_{i=1}^{N}\left[T_{2,i}^{(P)}-T_{1,i}^{(A)}-\rho^{(AP)}(T_{1,i}^{(A)}-T_{2,i-1}^{(P)})\right]^2}{2\sigma^4(1+\rho^{(AP)})^2} \tag{3.50}$$

$$\begin{aligned}\frac{\partial^2\ln L(\rho^{(AP)},\sigma^2)}{\partial{\rho^{(AP)}}^2}=&-\left[\sigma^2(1+\rho^{(AP)})^4\right]^{-1}\\&\times\sum_{i=1}^{N}\left((T_{2,i}^{(P)}-T_{2,i-1}^{(P)})\left\{(1+\rho^{(AP)})(T_{1,i}^{(A)}-T_{2,i-1}^{(P)})+3\left[T_{2,i}^{(P)}-T_{1,i}^{(A)}-\rho^{(AP)}(T_{1,i}^{(A)}-T_{2,i-1}^{(P)})\right]\right\}\right)\end{aligned} \tag{3.51}$$

$$\frac{\partial^2 \ln L(\rho^{(AP)},\sigma^2)}{\partial \rho^{(AP)} \partial \sigma^2} = \frac{\sum_{i=1}^{N}\left\{(T_{2,i}^{(P)} - T_{2,i-1}^{(P)})\left[T_{2,i}^{(P)} - T_{1,i}^{(A)} - \rho^{(AP)}(T_{1,i}^{(A)} - T_{2,i-1}^{(P)})\right]\right\}}{-\sigma^4 (1+\rho^{(AP)})^3} \tag{3.52}$$

$$\frac{\partial^2 \ln L(\rho^{(AP)},\sigma^2)}{\partial {\sigma^2}^2} = \frac{N}{2\sigma^4} - \frac{1}{\sigma^6}\sum_{i=1}^{N}\left(\frac{T_{2,i}^{(P)} - T_{1,i}^{(A)} - \rho^{(AP)}(T_{1,i}^{(A)} - T_{2,i-1}^{(P)})}{1+\rho^{(AP)}}\right)^2 \tag{3.53}$$

对式(3.51)、式(3.52)、式(3.53)取负的期望值，则有

$$-E\left[\frac{\partial^2 \ln L(\rho^{(AP)},\sigma^2)}{\partial {\rho^{(AP)}}^2}\right] = \frac{3N\sigma^2 + \sum_{i=1}^{N}\left(T_{1,i}^{(A)} - T_{2,i-1}^{(P)}\right)^2}{(1+\rho^{(AP)})^2 \sigma^2} \tag{3.54}$$

$$-E\left[\frac{\partial^2 \ln L(\rho^{(AP)},\sigma^2)}{\partial \rho^{(AP)} \partial \sigma^2}\right] = \frac{N}{(1+\rho^{(AP)})\sigma^2} \tag{3.55}$$

$$-E\left[\frac{\partial^2 \ln L(\rho^{(AP)},\sigma^2)}{\partial {\sigma^2}^2}\right] = \frac{N}{2\sigma^4} \tag{3.56}$$

因此，ξ 的费希尔信息矩阵 $\boldsymbol{I}(\xi)$ 可表示为

$$\begin{aligned}
\boldsymbol{I}(\xi) &= \begin{bmatrix} -E\left[\frac{\partial^2 \ln L(\rho^{(AP)},\sigma^2)}{\partial {\rho^{(AP)}}^2}\right] & -E\left[\frac{\partial^2 L \ln(\rho^{(AP)},\sigma^2)}{\partial \sigma^2 \partial \rho^{(AP)}}\right] \\ -E\left[\frac{\partial^2 \ln L(\rho^{(AP)},\sigma^2)}{\partial \sigma^2 \partial \rho^{(AP)}}\right] & -E\left[\frac{\partial^2 \ln L(\rho^{(AP)},\sigma^2)}{\partial {\sigma^2}^2}\right] \end{bmatrix} \\
&= \begin{bmatrix} \frac{3N\sigma^2 + \sum_{i=1}^{N}\left(T_{1,i}^{(A)} - T_{2,i-1}^{(P)}\right)^2}{(1+\rho^{(AP)})^2\sigma^2} & \frac{N}{(1+\rho^{(AP)})\sigma^2} \\ \frac{N}{(1+\rho^{(AP)})\sigma^2} & \frac{N}{2\sigma^4} \end{bmatrix}
\end{aligned} \tag{3.57}$$

对 $\boldsymbol{I}(\xi)$ 求逆可得

$$\boldsymbol{I}^{-1}(\xi) = \begin{bmatrix} \frac{\sigma^2(1+\rho^{(AP)})^2}{\sum_{i=1}^{N}\left(T_{1,i}^{(A)} - T_{2,i-1}^{(P)}\right)^2 + N\sigma^2} & \frac{-2N\sigma^2(1+\rho^{(AP)})}{N\sum_{i=1}^{N}\left(T_{1,i}^{(A)} - T_{2,i-1}^{(P)}\right)^2 + N^2\sigma^2} \\ \frac{-2N\sigma^2(1+\rho^{(AP)})}{N\sum_{i=1}^{N}\left(T_{1,i}^{(A)} - T_{2,i-1}^{(P)}\right)^2 + N^2\sigma^2} & \frac{6N\sigma^6 + 2\sigma^4\sum_{i=1}^{N}\left(T_{1,i}^{(A)} - T_{2,i-1}^{(P)}\right)^2}{N\sum_{i=1}^{N}\left(T_{1,i}^{(A)} - T_{2,i-1}^{(P)}\right)^2 + N^2\sigma^2} \end{bmatrix} \tag{3.58}$$

式中，$\boldsymbol{I}^{-1}(\xi)$ 为费希尔信息矩阵的逆矩阵。

根据 CRLB 定理，$\rho^{(AP)}$ 和 σ^2 的 CRLB 可分别为

$$\operatorname{Var}(\hat{\rho}_{\mathrm{MLE}}^{(AP)}) \geqslant \frac{\sigma^2(1+\rho^{(AP)})^2}{\sum_{i=1}^{N}\left(T_{1,i}^{(A)}-T_{2,i-1}^{(P)}\right)^2+N\sigma^2} \tag{3.59}$$

$$\operatorname{Var}(\hat{\sigma}^2) \geqslant \frac{6N\sigma^6+2\sigma^4\sum_{i=1}^{N}\left(T_{1,i}^{(A)}-T_{2,i-1}^{(P)}\right)^2}{N\sum_{i=1}^{N}\left(T_{1,i}^{(A)}-T_{2,i-1}^{(P)}\right)^2+N^2\sigma^2} \tag{3.60}$$

同理可求得节点 A 频偏最大似然估计 $\hat{\rho}_{\mathrm{MLE}}^{(AP)}$ 的均方误差表达式为

$$\operatorname{MSE}(\hat{\rho}_{\mathrm{MLE}}^{(AP)}) = \left(1+\rho^{(AP)}\right)^2 \frac{\sum_{i=1}^{N}\left[\sigma^2(T_{1,i}^{(A)}-T_{2,i-1}^{(P)})^2\right]+3N\sigma^2+N(N-1)\sigma^4}{\sum_{i=1}^{N}\left[\sigma^2(T_{1,i}^{(A)}-T_{2,i-1}^{(P)})^2+(T_{1,i}^{(A)}-T_{2,i-1}^{(P)})^4\right]} \tag{3.61}$$

3. 仿真验证

图 3.6 给出了节点 A 改进后的频偏最大似然估计的均方误差曲线和相应的 CRLB 曲线，标准差 $\sigma=0.75$，仿真的周期数为 5～30。由图可知，当周期数增大时，最大似然估计 $\hat{\rho}_{\mathrm{MLE}}^{(AP)}$ 的均方误差趋近于 0，同时均方误差曲线和 CRLB 曲线相当接近，证明节点 A 改进后的非线性频偏估计 $\hat{\rho}_{\mathrm{MLE}}^{(AP)}$ 是有效的，且估计性能接近最优估计。

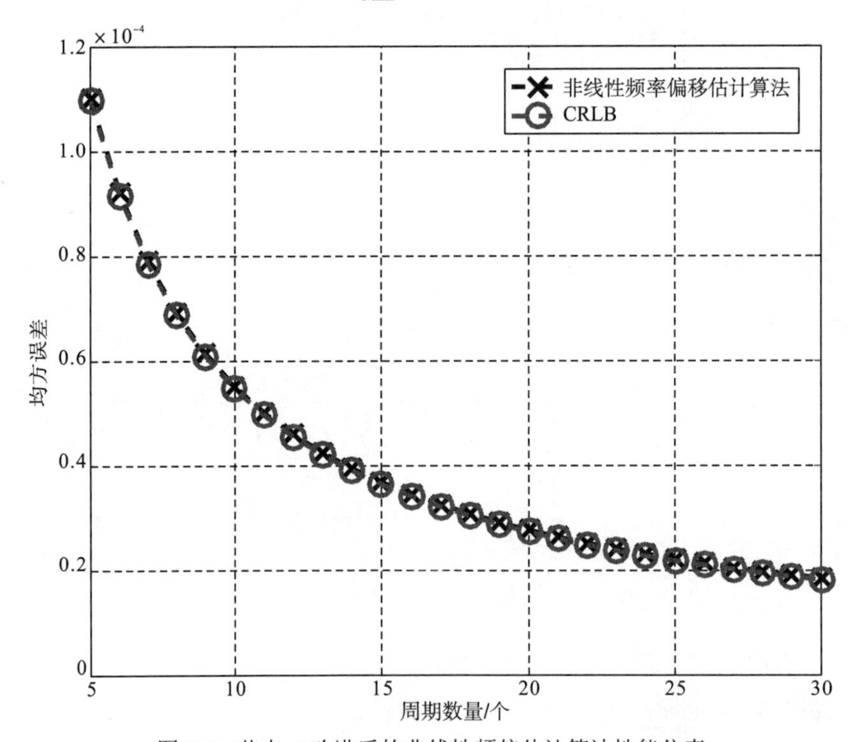

图 3.6　节点 A 改进后的非线性频偏估计算法性能仿真

图 3.7 为节点 A 非线性频偏估计 $\hat{\rho}_{\mathrm{MLE}}^{(AP)}$ 和改进前线性频偏估计 $\hat{\rho}_{\mathrm{BLUE}}^{(AP)}$ 的性能对比图 $(\sigma=1)$。由对比结果可知，改进后的非线性频偏估计略优于线性频偏估计，即节点 A 使用非线性估计算法能更准确地对频偏进行估计。

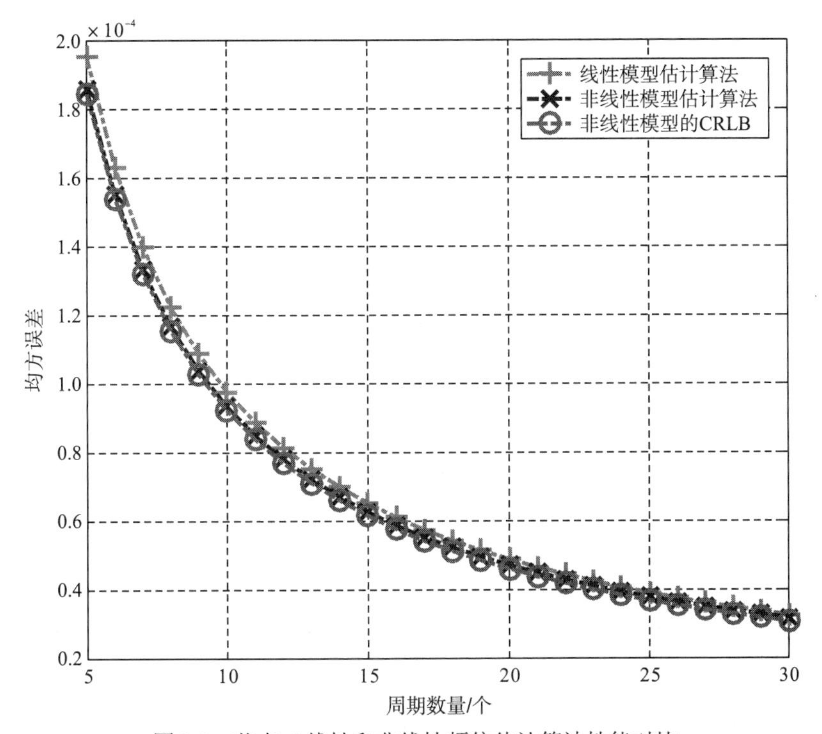

图 3.7　节点 A 线性和非线性频偏估计算法性能对比

3.3.2　监听同步非线性频偏估计

根据图 3.3，考虑报文传输过程中频偏 $\rho^{(AB)}$ 的影响，节点 B 记录的时间 $T_{2,1}^{(B)}$ 可表示为

$$T_{2,1}^{(B)}=T_{1,1}^{(A)}+\theta_{t_0}^{(AB)}+\rho^{(AB)}(T_{1,1}^{(A)}-t_0)+d^{(AB)}+X_1^{(AB)}+\rho^{(AB)}(d^{(AB)}+X_1^{(AB)}) \tag{3.62}$$

式中，$\rho^{(AB)}(d^{(AB)}+X_1^{(AB)})$ 为节点 A 和节点 B 在报文传输过程中由于频偏 $\rho^{(AB)}$ 而产生的额外时钟相偏。

采用与前文类似的关于监听节点 B 和节点 P 之间的相对频偏和相对相偏的定义，式(3.40)减去式(3.62)可得

$$\begin{aligned}\Delta T_1^{(BP)*}=T_{2,1}^{(P)}-T_{2,1}^{(B)}=\theta_{t_0}^{(BP)}+(T_{1,1}^{(A)}-t_0)(\rho^{(AP)}-\rho^{(AB)})+(d^{(AP)}-d^{(AB)})\\+(X_1^{(AP)}-X_1^{(AB)})+\rho^{(AP)}(d^{(AP)}+X_1^{(AP)})-\rho^{(AB)}(d^{(AB)}+X_1^{(AB)})\end{aligned} \tag{3.63}$$

式中，$\Delta T_1^{(BP)*}$ 为时间戳 $T_{2,1}^{(P)}$ 和 $T_{2,1}^{(B)}$ 的差值。

在随后的一个时间 $T_{5,1}^{(B)}$，节点 B 使用 $\Delta T_1^{(BP)*}$ 对节点的本地时间进行校正。

由于从 t_0 到 $T_{5,1}^{(B)}$ 期间节点 B 和节点 P 之间真正的时钟相偏量 $\Delta T_{\text{ture},1}^{(BP)}$ 已经在式(3.22)中给出，式(3.22)与式(3.63)相减得到第一次校正后新的时钟相偏 $\theta_{t_1}^{(BP)*}$ 为

$$\begin{aligned}\theta_{t_1}^{(BP)*} &= \Delta T_{\text{ture},1}^{(BP)} - \Delta T_1^{(BP)*} = \rho^{(BP)}(T_{5,1}^{(B)} - T_{1,1}^{(A)}) + \rho^{(AB)}(d^{(AB)} + X_1^{(AB)}) \\ &\quad -\rho^{(AP)}(d^{(AP)} + X_1^{(AP)}) - (d^{(AP)} - d^{(AB)}) - (X_1^{(AP)} - X_1^{(AB)})\end{aligned} \tag{3.64}$$

表 3.4 列出了改进的算法中节点时钟同步过程中的主要参数。

表 3.4 改进的算法中节点 B 时钟同步的主要参数

同步周期	初始时钟相偏	校正时刻	校正量
1	$\theta_{t_0}^{(BP)}$	$T_{5,1}^{(B)}$	$\Delta T_1^{(BP)*}=T_{2,1}^{(P)}-T_{2,1}^{(B)}$
2	$\theta_{t_1}^{(BP)*}$	$T_{5,2}^{(B)}$	$\Delta T_2^{(BP)*}=T_{2,2}^{(P)}-T_{2,2}^{(B)}$
3	$\theta_{t_2}^{(BP)*}$	$T_{5,3}^{(B)}$	$\Delta T_3^{(BP)*}=T_{2,3}^{(P)}-T_{2,3}^{(B)}$
⋮	⋮	⋮	⋮
i	$\theta_{t_{i-1}}^{(BP)*}$	$T_{5,i}^{(B)}$	$\Delta T_i^{(BP)*}=T_{2,i}^{(P)}-T_{2,i}^{(B)}$

类似地，根据表 3.4，对于第 i 个周期，节点 B 的校正量 $\Delta T_i^{(BP)*}$ 可以表示为

$$\begin{aligned}\Delta T_1^{(BP)*} &= T_{2,i}^{(P)} - T_{2,i}^{(B)} = \rho^{(BP)}(T_{1,i}^{(A)} - T_{1,i-1}^{(A)} + T_{2,i-1}^{(B)} - T_{2,i-1}^{(P)}) \\ &\quad +\rho^{(AP)}(X_i^{(AP)} - X_{i-1}^{(AP)}) - \rho^{(AB)}(X_i^{(AB)} - X_{i-1}^{(AB)}) + w_i - w_{i-1} \quad (i=1,2,\cdots,N)\end{aligned} \tag{3.65}$$

式中，w_i 为 $X_i^{(AP)} - X_i^{(AB)}$。

根据第 3.2.1 小节中监听节点 B 和节点 P 之间频偏 $\rho^{(BP)}$ 的定义，节点 A 和节点 B 的频偏 $\rho^{(AB)}$ 可写成

$$\rho^{(AB)} = \rho^{(AP)} - \rho^{(BP)} \tag{3.66}$$

将式(3.66)代入式(3.65)可得

$$\begin{aligned}T_{2,i}^{(P)} - T_{2,i}^{(B)} &= \rho^{(BP)}(T_{1,i}^{(A)} - T_{1,i-1}^{(A)} + T_{2,i-1}^{(B)} - T_{2,i-1}^{(P)}) + (w_i - w_{i-1}) \\ &\quad \times(\rho^{(AP)} - \rho^{(BP)} + 1) - \rho^{(BP)}(X_i^{(AP)} - X_{i-1}^{(AP)})\end{aligned} \tag{3.67}$$

由于 $X_i^{(AP)} - X_{i-1}^{(AP)}$ 服从 0 均值的高斯分布且频偏 $\rho^{(BP)}$ 的值接近于 0，为了降低估计的复杂度，可将式(3.67)简化为

$$\begin{aligned}&T_{2,i}^{(P)} - T_{2,i}^{(B)} \\ &= \rho^{(BP)}(T_{1,i}^{(A)} - T_{1,i-1}^{(A)} + T_{2,i-1}^{(B)} - T_{2,i-1}^{(P)}) + (w_i - w_{i-1})(\rho^{(AP)} - \rho^{(BP)} + 1) \\ &= \rho^{(BP)}(T_{1,i}^{(A)} - T_{1,i-1}^{(A)} + T_{2,i-1}^{(B)} - T_{2,i-1}^{(P)}) + W_i(\rho^{(AP)} - \rho^{(BP)} + 1)\end{aligned} \tag{3.68}$$

式(3.68)中，节点 A 和节点 P 的相对频偏 $\rho^{(AP)}$ 的最大似然估计已在式(3.49)给出。为了简化运算，式(3.68)可以写成

$$U_i = \rho^{(BP)}H_i + W_i(\rho^{(AP)} - \rho^{(BP)} + 1) \qquad (i=1,2,\cdots,N) \tag{3.69}$$

式中，$U_i=T_{2,i}^{(P)}-T_{2,i}^{(B)}$；$H_i=T_{1,i}^{(A)}-T_{1,i-1}^{(A)}+T_{2,i-1}^{(B)}-T_{2,i-1}^{(P)}$；$W_i$ 为相互独立的高斯分布噪声变量，均值为 0，方差为σ^2。

显然式(3.69)为非线性模型，可以采用最大似然估计法对监听节点 B 的频偏 $\rho^{(BP)}$ 进行估计。

1. 最大似然估计

由式(3.69)可得，基于观测量$\{U_i,H_i\}_{i=1}^{N}$，$(\rho^{(BP)},\sigma^2)$的似然函数可表示为

$$L(\rho^{(BP)},\sigma^2)=\frac{1}{(2\pi\sigma^2)^{\frac{N}{2}}}\cdot\exp\left\{\sum_{i=1}^{N}\left[(-\frac{1}{2\sigma^2})\cdot\left(\frac{U_i-\rho^{(BP)}H_i}{\rho^{(AP)}-\rho^{(BP)}+1}\right)^2\right]\right\} \tag{3.70}$$

取对数，得到对数似然函数为

$$\ln L(\rho^{(BP)},\sigma^2)=-\frac{N}{2}\ln(2\pi\sigma^2)-\frac{1}{2\sigma^2}\sum_{i=1}^{N}\left(\frac{U_i-\rho^{(BP)}H_i}{\rho^{(AP)}-\rho^{(BP)}+1}\right)^2 \tag{3.71}$$

式(3.71)对频偏 $\rho^{(BP)}$ 求偏导数可得

$$\frac{\partial\ln L(\rho^{(BP)},\sigma^2)}{\partial\rho^{(BP)}}=-\frac{1}{\sigma^2}\times\sum_{i=1}^{N}\left[\frac{(U_i-\rho^{(BP)}H_i)(U_i-\rho^{(AP)}H_i-H_i)}{(\rho^{(AP)}-\rho^{(BP)}+1)^3}\right] \tag{3.72}$$

令其等于 0，解得 $\rho^{(BP)}$ 的最大似然估计为

$$\hat{\rho}_{\mathrm{MLE}}^{(BP)}=\frac{\sum_{i=1}^{N}\left[U_i\cdot(U_i-\rho^{(AP)}H_i-H_i)\right]}{\sum_{i=1}^{N}\left[H_i\cdot(U_i-\rho^{(AP)}H_i-H_i)\right]} \tag{3.73}$$

2. CRLB

注意到随机报文延迟的方差和节点 A 的频偏均为未知的，可对σ^2和$\rho^{(AP)}$的 CRLB 进行联合求解。将σ^2和$\rho^{(AP)}$视为一个矢量参数$\boldsymbol{\eta}=\left[\rho^{(AP)}\ \ \sigma^2\right]^{\mathrm{T}}$，通过求解费希尔信息矩阵的逆矩阵即可求得其相应的 CRLB。

式(3.71)分别对$\rho^{(AP)}$和σ^2求二阶偏导数，可得

$$\frac{\partial\ln L(\rho^{(BP)},\sigma^2)}{\partial\sigma^2}=-\frac{N}{2\sigma^2}+\frac{\sum_{i=1}^{N}\left[U_i-\rho^{(BP)}H_i\right]^2}{2\sigma^4(\rho^{(AP)}-\rho^{(BP)}+1)^2} \tag{3.74}$$

$$\begin{aligned}\frac{\partial^2\ln L(\rho^{(BP)},\sigma^2)}{\partial\rho^{(BP)^2}}=&\frac{1}{\sigma^2(\rho^{(AP)}-\rho^{(BP)}+1)^4}\\&\times\sum_{i=1}^{N}\Big[(\rho^{(AP)}-\rho^{(BP)}+1)(U_i-\rho^{(AP)}H_i-H_i)H_i\\&-3(U_i-\rho^{(BP)}H_i)(U_i-\rho^{(AP)}H_i-H_i)\Big]\end{aligned} \tag{3.75}$$

$$\frac{\partial^2 \ln L(\rho^{(BP)},\sigma^2)}{\partial\rho^{(BP)}\partial\sigma^2}=\frac{1}{\sigma^4}\times\sum_{i=1}^{N}\left[\frac{(U_i-\rho^{(BP)}H_i)(U_i-\rho^{(AP)}H_i-H_i)}{(\rho^{(AP)}-\rho^{(BP)}+1)^3}\right] \tag{3.76}$$

$$\frac{\partial^2 \ln L(\rho^{(BP)},\sigma^2)}{\partial{\sigma^2}^2}=-\frac{N}{2\sigma^4}-\frac{1}{\sigma^6}\times\sum_{i=1}^{N}\left[\frac{(U_i-\rho^{(BP)}H_i)}{(\rho^{(AP)}-\rho^{(BP)}+1)}\right]^2 \tag{3.77}$$

对式(3.75)、式(3.76)、式(3.77)取负的期望值可得

$$-E\left[\frac{\partial^2 \ln L(\rho^{(BP)},\sigma^2)}{\partial{\rho^{(BP)}}^2}\right]=\frac{\sum_{i=1}^{N}H_i^2+3N\sigma^2}{\sigma^2(\rho^{(AP)}-\rho^{(BP)}+1)^2} \tag{3.78}$$

$$-E\left[\frac{\partial^2 \ln L(\rho^{(BP)},\sigma^2)}{\partial\rho^{(BP)}\partial\sigma^2}\right]=\frac{N}{\sigma^2(\rho^{(BP)}-\rho^{(AP)}-1)} \tag{3.79}$$

$$-E\left[\frac{\partial^2 \ln L(\rho^{(BP)},\sigma^2)}{\partial{\sigma^2}^2}\right]=\frac{N}{2\sigma^4} \tag{3.80}$$

因此，$\boldsymbol{\eta}$的费希尔信息矩阵$\boldsymbol{I}(\boldsymbol{\eta})$可表示为

$$\boldsymbol{I}(\boldsymbol{\eta})=\begin{bmatrix}\dfrac{\sum_{i=1}^{N}H_i^2+3N\sigma^2}{\sigma^2(\rho^{(AP)}-\rho^{(BP)}+1)^2} & \dfrac{N}{\sigma^2(\rho^{(BP)}-\rho^{(AP)}-1)}\\ \dfrac{N}{\sigma^2(\rho^{(BP)}-\rho^{(AP)}-1)} & \dfrac{N}{2\sigma^4}\end{bmatrix} \tag{3.81}$$

对$\boldsymbol{I}(\boldsymbol{\eta})$求逆可得

$$\boldsymbol{I}^{-1}(\boldsymbol{\eta})=\begin{bmatrix}\dfrac{\sigma^2\left(\rho^{(AP)}-\rho^{(BP)}+1\right)^2}{\sum_{i=1}^{N}H_i^2+N\sigma^2} & \dfrac{2\sigma^4\left(\rho^{(AP)}-\rho^{(BP)}+1\right)}{\sum_{i=1}^{N}H_i^2+N\sigma^2}\\ \dfrac{2\sigma^4\left(\rho^{(AP)}-\rho^{(BP)}+1\right)}{\sum_{i=1}^{N}H_i^2+N\sigma^2} & \dfrac{2\sigma^4\left(\sum_{i=1}^{N}H_i^2+3N\sigma^2\right)}{N\sum_{i=1}^{N}H_i^2+N^2\sigma^2}\end{bmatrix} \tag{3.82}$$

根据 CRLB 定理，$\hat{\rho}_{\mathrm{MLE}}^{(BP)}$和$\hat{\sigma}^2$的 CRLB 可分别为

$$\mathrm{Var}(\hat{\rho}_{\mathrm{MLE}}^{(BP)})\geqslant\frac{\sigma^2\left(\rho^{(AP)}-\rho^{(BP)}+1\right)^2}{\sum_{i=1}^{N}H_i^2+N\sigma^2} \tag{3.83}$$

$$\mathrm{Var}(\hat{\sigma}^2)\geqslant\frac{2\sigma^4\left(\sum_{i=1}^{N}H_i^2+3N\sigma^2\right)}{N\sum_{i=1}^{N}H_i^2+N^2\sigma^2} \tag{3.84}$$

同理可求得节点B频偏最大似然估计$\hat{\rho}_{\mathrm{MLE}}^{(BP)}$的均方误差表达式为

$$\mathrm{MSE}(\hat{\rho}_{\mathrm{MLE}}^{(BP)})=\left(1+\rho^{(AP)}-\rho^{(BP)}\right)^2\frac{\sum_{i=1}^{N}\left(\sigma^2 H_i^{\ 2}\right)+3N\sigma^2+N(N-1)\sigma^4}{\sum_{i=1}^{N}\left[\sigma^2 H_i^{\ 2}+\sum_{j=1}^{N}\left(H_i^{\ 2}H_j^{\ 2}\right)\right]} \tag{3.85}$$

3. 仿真验证

图 3.8 给出了改进后的节点 B 非线性频偏最大似然估计的均方误差曲线和相应的 CRLB 曲线，标准差 $\sigma=0.75$，仿真的周期数为 5～30。从图中可以看出，当周期数增大时，最大似然估计 $\hat{\rho}_{\mathrm{MLE}}^{(BP)}$ 的均方误差趋近于 0，同时均方误差曲线和 CRLB 曲线较为接近，证明改进后的节点 B 频偏 $\rho^{(BP)}$ 估计算法是有效的，且当观测量变大时其估计性能接近于最优估计。

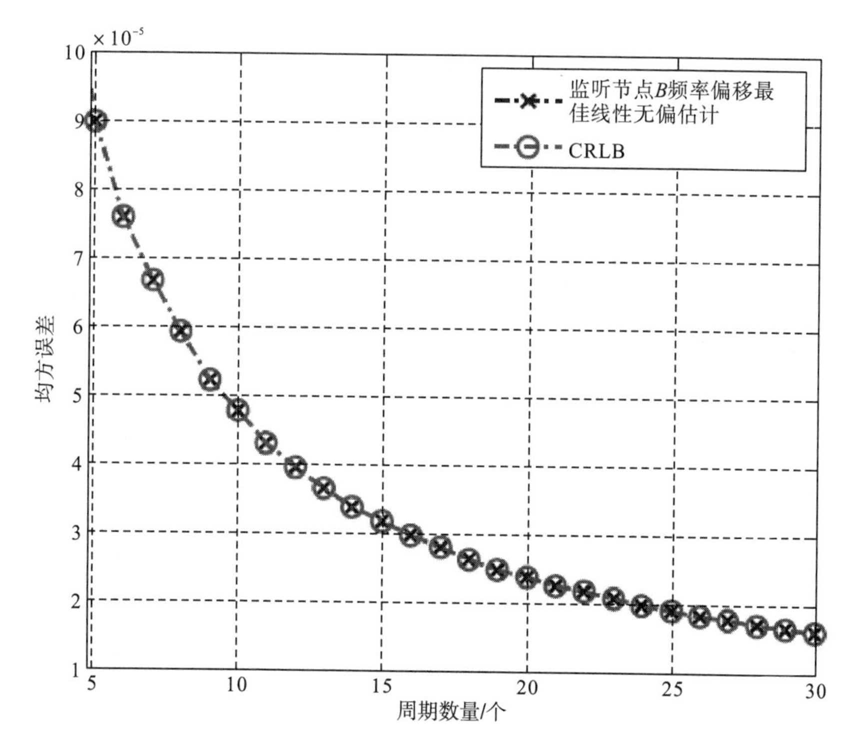

图 3.8　监听节点 B 非线性频偏估计算法性能仿真

图 3.9 为节点 B 非线性频偏最大似然估计 $\hat{\rho}_{\mathrm{MLE}}^{(BP)}$ 和改进前频偏最佳线性无偏估计 $\hat{\rho}_{\mathrm{BLUE}}^{(BP)}$ 的性能对比 $(\sigma=1)$。由图可知，改进后的非线性频偏估计的性能略优于线性频偏估计。这是因为相比于线性频偏估计算法，改进的非线性估计算法在频偏估计过程中考虑了在同步报文传输过程中两节点间由于频偏而积累的额外时钟相偏，从而获得了更好的估计性能。

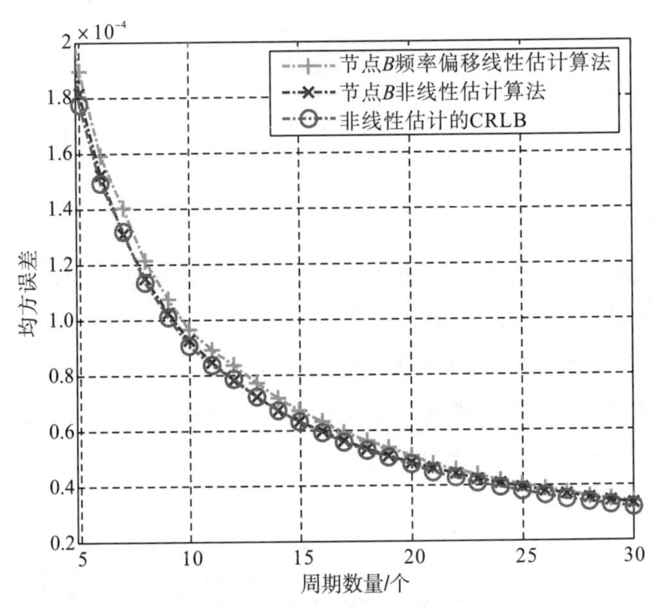

图 3.9 监听节点 B 线性和非线性频偏估计算法性能对比

图 3.10 所示为节点 B 非线性频偏估计与 PBS 算法的性能对比 ($\sigma = 0.75$)。从图中可以看出，改进后的非线性频偏最大似然估计略优于 PBS 算法，说明相比于 PBS 算法，基于周期性校正的非线性频偏算法能更好地对节点 B 相对于时钟源 P 的频偏进行估计，节点 B 通过对估计出的频偏补偿，能够延长同步周期，减少能量消耗。

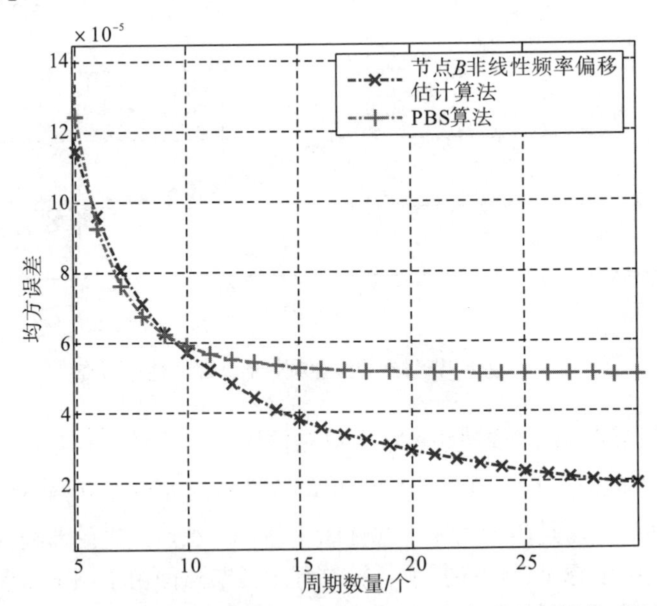

图 3.10 节点 B 非线性频偏估计算法与 PBS 算法估计性能对比

第 4 章　基于双向交互的校正式同步参数估计方法

第 3 章讨论了基于周期性校正的确认帧同步和基于周期性校正的监听同步，它们能够在每个周期对节点的时钟进行校正，同时实现时钟频偏的估计。双向信息交互同步也是一种典型的同步方式，本章将介绍基于双向交互的校正式同步方法。分别针对通用节点和隐含节点，建立基于双向交互的校正式同步模型，推导时钟频偏的最大似然估计以及相应的 CRLB，同时，为了降低最大似然估计的计算复杂度，提出简化的频偏估计算法。

4.1　通用节点同步参数估计

4.1.1　同步模型

通用节点 A 与时钟源节点 P 基于双向交互进行周期性校正时间同步，如图 4.1 所示。在第 i 个时间消息交互流程中，节点 A 发送一个携有其发送时间 $T_{1,i}^{(A)}$ 的时间同步请求消息到时钟源节点 P；源节点 P 收到该消息后立即记录其当前接收时间为 $T_{2,i}^{(P)}$ 并解析出其发送时间 $T_{1,i}^{(A)}$，同时节点 P 回复一个响应消息给节点 A，该消息同时携有时间 $T_{2,i}^{(P)}$ 和 $T_{3,i}^{(P)}$；节点 A 收到响应消息并将当前接收时间记为 $T_{4,i}^{(A)}$，随后在发送下个同步周期的请求消息之前校正本地时间。假设校正时间为 $T_{5,i}^{(A)}$，由双向时钟同步机制中的一个同步周期，可根据 TPSN 基本方法求得该同步周期内的时钟相偏 $\Delta_i=\left[(T_{2,i}^{(P)}-T_{1,i}^{(A)})-(T_{4,i}^{(A)}-T_{3,i}^{(P)})\right]/2$，因此，节点 A 在 $T_{5,i}^{(A)}$ 时刻通过减去 Δ_i 来校正本地时钟。

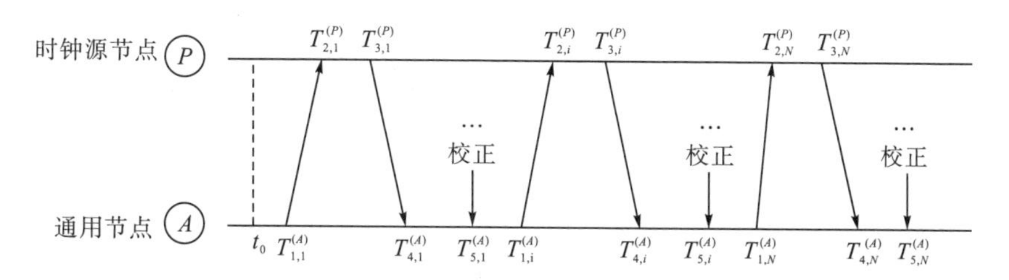

图 4.1　时钟源节点 P 和通用节点 A 基于周期性校正的双向交互流程

重复上述同步流程，经过 N 个时间消息交互周期，节点 A 获得一系列时间戳 $\{T_{1,i}^{(A)},T_{2,i}^{(P)},T_{3,i}^{(P)},T_{4,i}^{(A)}\}_{i=1}^{N}$，即可估计出节点 A 相对于节点 P 的时钟频偏。

如图 4.1 所示，假设整个网络的初始时刻为 t_0，对于节点 A 和节点 P 的第一个时间消息交互周期，根据差值法定义的时钟模型[式(2.5)]，且考虑时钟频偏产生的影响，节点 P 接收到请求消息的时间 $T_{2,1}^{(P)}$ 可以表示为

$$T_{2,1}^{(P)}=T_{1,1}^{(A)}+\theta_{t_0}^{(AP)}+\rho^{(AP)}(T_{1,1}^{(A)}-t_0)+d^{(AP)}+X_1^{(AP)}+\rho^{(AP)}(d^{(AP)}+X_1^{(AP)}) \tag{4.1}$$

假设同步过程中的时钟频偏和固定时延的值均未知且保持不变，随机时延 $X_i^{(AP)}$ 和 $X_i^{(PA)}$ 分别是独立同分布的高斯随机变量。

同样地，第一个同步周期的消息交互中，节点 A 接收到响应消息的时间 $T_{4,1}^{(A)}$ 可以表示为

$$T_{4,1}^{(A)}=T_{3,1}^{(P)}-\theta_{t_0}^{(AP)}-\rho^{(AP)}(T_{3,1}^{(P)}-t_0)+d^{(PA)}+X_1^{(PA)}+\rho^{(AP)}(d^{(PA)}+X_1^{(PA)}) \tag{4.2}$$

式中，$d^{(PA)}$ 和 $X_1^{(PA)}$ 分别为时间消息从节点 P 到节点 A 过程中产生的固定时延和随机时延。假设 $d^{(AP)}$ 和 $d^{(PA)}$ 相等，后面均采用 $d^{(AP)}$ 表示。

根据典型的 TPSN 协议，节点 A 能够得到其在第一个时间同步过程中的时钟相偏 $\Delta T_1^{(AP)}$，并在随后的 $T_{5,1}^{(A)}$ 时刻利用 $\Delta T_1^{(AP)}$ 校正本地时钟。

$$\begin{aligned}\Delta T_1^{(AP)}&=\frac{(T_{2,1}^{(P)}-T_{1,1}^{(A)})-(T_{4,1}^{(A)}-T_{3,1}^{(P)})}{2}\\&=\frac{1}{2}\left[2\theta_{t_0}^{(AP)}+\rho^{(AP)}(T_{1,1}^{(A)}+T_{3,1}^{(P)}-2t_0)+(1+\rho^{(AP)})(X_1^{(AP)}-X_1^{(PA)})\right]\end{aligned} \tag{4.3}$$

令节点 A 校正本地时钟之后的下个同步周期的参考时间 $T_{5,1}^{(A')}$ 为

$$T_{5,1}^{(A')}=T_{5,1}^{(A)}+\Delta T_1^{(AP)}=T_{5,1}^{(A)}+\frac{(T_{2,1}^{(P)}-T_{1,1}^{(A)})-(T_{4,1}^{(A)}-T_{3,1}^{(P)})}{2} \tag{4.4}$$

事实上，从起始参考时刻 t_0 到校正时刻 $T_{5,1}^{(A)}$，节点 A 和节点 P 之间产生的真实时钟相偏量 $\Delta T_{\text{real},1}^{(AP)}$ 为

$$\Delta T_{\text{real},1}^{(AP)}=\theta_{t_0}^{(AP)}+\rho^{(AP)}(T_{5,1}^{(A)}-t_0) \tag{4.5}$$

式(4.5)减去式(4.3)，可得出第一个同步周期节点 A 校正本地时间后，节点 A 和节点 P 之间新的时钟相偏量 $\theta_{t_1}^{(AP)}$ 为

$$\begin{aligned}\theta_{t_1}^{(AP)}&=\Delta T_{\text{real},1}^{(AP)}-\Delta T_1^{(AP)}\\&=\rho^{(AP)}\left(T_{5,1}^{(A)}-\frac{T_{1,1}^{(A)}+T_{3,1}^{(P)}}{2}\right)-\frac{(1+\rho^{(AP)})}{2}(X_1^{(AP)}-X_1^{(PA)})\end{aligned} \tag{4.6}$$

同样地，第二个同步周期，由节点 A 到节点 P 的同步请求消息，时间 $T_{2,2}^{(P)}$ 可进一步表示为

$$T_{2,2}^{(P)}=T_{1,2}^{(A)}+\theta_{t_1}^{(AP)}+\rho^{(AP)}(T_{1,2}^{(A)}-T_{5,1}^{(A')})+d^{(AP)}+X_2^{(AP)}+\rho^{(AP)}(d^{(AP)}+X_2^{(AP)}) \tag{4.7}$$

由节点 P 回复给节点 A 的响应消息，时间 $T_{4,2}^{(A)}$ 可表示为

$$T_{4,2}^{(A)} = T_{3,2}^{(P)} - \theta_{t_1}^{(AP)} - \rho^{(AP)}(T_{3,2}^{(P)} - T_{5,1}^{(A')}) + d^{(AP)} + X_2^{(PA)} + \rho^{(AP)}(d^{(AP)} + X_2^{(PA)}) \tag{4.8}$$

节点 A 能够获得第二个同步周期中产生的时钟相偏为

$$\begin{aligned}\Delta T_2^{(AP)} &= \frac{(T_{2,2}^{(P)} - T_{1,2}^{(A)}) - (T_{4,2}^{(A)} - T_{3,2}^{(P)})}{2} \\ &= \frac{1}{2}\left[2\theta_{t_1}^{(AP)} + \rho^{(AP)}(T_{1,2}^{(A)} + T_{3,2}^{(P)} - 2T_{5,1}^{(A')}) + (1+\rho^{(AP)})(X_2^{(AP)} - X_2^{(PA)})\right]\end{aligned} \tag{4.9}$$

随后，节点 A 在 $T_{5,2}^{(A)}$ 时刻利用 $\Delta T_2^{(AP)} = \left[(T_{2,2}^{(P)} - T_{1,2}^{(A)}) - (T_{4,2}^{(A)} - T_{3,2}^{(P)})\right]/2$ 校正本地时钟。

将 $\theta_{t_1}^{(AP)}$［式(4.6)］和 $T_{5,1}^{(A')}$［式(4.4)］代入式(4.9)可以得出

$$\begin{aligned}\Delta T_2^{(AP)} = \frac{1}{2}\{&\rho^{(AP)}[(T_{3,2}^{(P)} - T_{3,1}^{(P)}) + (T_{1,2}^{(A)} - T_{2,1}^{(P)}) + (T_{4,1}^{(A)} - T_{3,1}^{(P)})] \\ &+(1+\rho^{(AP)})[(X_2^{(AP)} - X_1^{(AP)}) - (X_2^{(PA)} - X_1^{(PA)})]\}\end{aligned} \tag{4.10}$$

令节点 A 校正本地时钟之后的下个同步周期的参考时间 $T_{5,2}^{(A')}$ 为

$$T_{5,2}^{(A')} = T_{5,2}^{(A)} + \Delta T_2^{(AP)} = T_{5,2}^{(A)} + \frac{(T_{2,2}^{(P)} - T_{1,2}^{(A)}) - (T_{4,2}^{(A)} - T_{3,2}^{(P)})}{2} \tag{4.11}$$

事实上，从第一个同步周期校正之后的参考时间 $T_{5,1}^{(A')}$ 到下一个同步周期的校正时间 $T_{5,2}^{(A)}$，节点 A 和节点 P 之间产生的真实时钟相偏可表示为

$$\Delta T_{\text{real},2}^{(AP)} = \theta_{t_1}^{(AP)} + \rho^{(AP)}(T_{5,2}^{(A)} - T_{5,1}^{(A')}) \tag{4.12}$$

式(4.12)减去式(4.9)，同样可得出第二个同步周期节点 A 时钟校正后，节点 A 和节点 P 之间新的时钟相偏量 $\theta_{t_2}^{(AP)}$ 为

$$\begin{aligned}\theta_{t_2}^{(AP)} &= \Delta T_{\text{real},2}^{(AP)} - \Delta T_2^{(AP)} \\ &= \rho^{(AP)}\left(T_{5,2}^{(A)} - \frac{T_{1,2}^{(A)} + T_{3,2}^{(P)}}{2}\right) - \frac{(1+\rho^{(AP)})}{2}(X_2^{(AP)} - X_2^{(PA)})\end{aligned} \tag{4.13}$$

表 4.1 给出了节点 A 在进行周期性校正时间同步过程中的参数，主要包括每个同步周期的初始时钟相偏量、校正时间及校正量。

表 4.1　节点 A 周期性校正时间同步过程参数

同步周期	初始时钟相偏量	校正时间	校正量
1	$\theta_{t_0}^{(AP)}$	$T_{5,1}^{(A)}$	$\Delta T_1^{(AP)} = \left[(T_{2,1}^{(P)} - T_{1,1}^{(A)}) - (T_{4,1}^{(A)} - T_{3,1}^{(P)})\right] \div 2$
2	$\theta_{t_1}^{(AP)}$	$T_{5,2}^{(A)}$	$\Delta T_2^{(AP)} = \left[(T_{2,2}^{(P)} - T_{1,2}^{(A)}) - (T_{4,2}^{(A)} - T_{3,2}^{(P)})\right] \div 2$
3	$\theta_{t_2}^{(AP)}$	$T_{5,3}^{(A)}$	$\Delta T_3^{(AP)} = \left[(T_{2,3}^{(P)} - T_{1,3}^{(A)}) - (T_{4,3}^{(A)} - T_{3,3}^{(P)})\right] \div 2$
⋮	⋮	⋮	⋮
i	$\theta_{t_{i-1}}^{(AP)}$	$T_{5,i}^{(A)}$	$\Delta T_i^{(AP)} = \left[(T_{2,i}^{(P)} - T_{1,i}^{(A)}) - (T_{4,i}^{(A)} - T_{3,i}^{(P)})\right] \div 2$

同样地，在第三个同步周期节点 A 和节点 P 完成双向的时间交互之后，可以得到产生的时钟相偏 $\Delta T_3^{(AP)}$ 为

$$\begin{aligned}\Delta T_3^{(AP)} &= \frac{(T_{2,3}^{(P)} - T_{1,3}^{(A)}) - (T_{4,3}^{(A)} - T_{3,3}^{(P)})}{2} \\ &= \frac{1}{2}\Big[2\theta_{t_2}^{(AP)} + \rho^{(AP)}(T_{1,3}^{(A)} + T_{3,3}^{(P)} - 2T_{5,2}^{(A')}) + (1+\rho^{(AP)})(X_3^{(AP)} - X_3^{(PA)})\Big]\end{aligned} \tag{4.14}$$

将 $\theta_{t_2}^{(AP)}$［式(4.13)］和 $T_{5,2}^{(A')}$［式(4.11)］代入式(4.14)，$\Delta T_3^{(AP)}$ 可以进一步表示为

$$\begin{aligned}\Delta T_3^{(AP)} = \frac{1}{2}\{&\rho^{(AP)}[(T_{3,3}^{(R)} - T_{3,2}^{(R)}) + (T_{1,3}^{(A)} - T_{2,2}^{(P)}) + (T_{4,2}^{(A)} - T_{3,2}^{(P)})] \\ &+(1+\rho^{(AP)})[(X_3^{(AP)} - X_2^{(AP)}) - (X_3^{(PA)} - X_2^{(PA)})]\}\end{aligned} \tag{4.15}$$

重复以上同步过程，第 i 个同步周期节点时钟校正之后，可得到双向同步机制中节点 A 周期性校正的时钟同步模型：

$$\begin{aligned}(T_{2,i}^{(P)} - T_{1,i}^{(A)}) - (T_{4,i}^{(A)} - T_{3,i}^{(P)}) = &\rho^{(AP)}[(T_{3,i}^{(R)} - T_{3,i-1}^{(R)}) + (T_{1,i}^{(A)} - T_{2,i-1}^{(P)}) + (T_{4,i-1}^{(A)} - T_{3,i-1}^{(P)})] \\ &+ (1+\rho^{(AP)})[(X_i^{(AP)} - X_{i-1}^{(AP)}) - (X_i^{(PA)} - X_{i-1}^{(PA)})]\end{aligned} \tag{4.16}$$

令 $\delta_i = (X_i^{(AP)} - X_{i-1}^{(AP)}) - (X_i^{(PA)} - X_{i-1}^{(PA)})$，$P_i = (T_{2,i}^{(P)} - T_{1,i}^{(A)}) - (T_{4,i}^{(A)} - T_{3,i}^{(P)})$，$E_i = (T_{3,i}^{(P)} - T_{3,i-1}^{(P)}) + (T_{1,i}^{(A)} - T_{2,i-1}^{(P)}) + (T_{4,i-1}^{(A)} - T_{3,i-1}^{(P)})$，由于随机时延 $X_i^{(AP)}$ 和 $X_i^{(PA)}$ 是独立同分布的均值为 μ、方差为 $\sigma^2/2$ 的高斯随机变量，则 δ_i 也为独立同分布的高斯随机变量，其均值为 0，方差为 σ^2。则节点 A 的时钟同步模型可以表示为

$$P_i = \rho^{(AP)}E_i + (1+\rho^{(AP)})\delta_i \quad (i=1,2,\cdots,N) \tag{4.17}$$

4.1.2 时钟频偏的最大似然估计

式(4.17)中，由于 δ_i 是独立同分布的均值为 0、方差为 σ^2 的高斯分布随机变量，则可以得到其对应的似然函数，进一步通过最大似然估计可估计出节点 A 相对于节点 P 的相对时钟频偏 $\rho^{(AP)}$。基于 N 个同步周期中获得的时间戳 $\{T_{1,i}^{(A)}, T_{2,i}^{(P)}, T_{3,i}^{(P)}, T_{4,i}^{(A)}\}_{i=1}^N$，关于 $\rho^{(AP)}$ 和 σ^2 的似然函数可以表示为

$$F(\rho^{(AP)}, \sigma^2) = (2\pi\sigma^2)^{-\frac{N}{2}} \cdot \exp\left[-\frac{1}{2\sigma^2}\sum_{i=1}^N\left(\frac{P_i - \rho^{(AP)}E_i}{1+\rho^{(AP)}}\right)^2\right] \tag{4.18}$$

式(4.18)两边同时取对数，则可得到对数似然函数：

$$\ln F(\rho^{(AP)}, \sigma^2) = -\frac{N}{2}\ln(2\pi\sigma^2) - \frac{1}{2\sigma^2}\sum_{i=1}^N\left(\frac{P_i - \rho^{(AP)}E_i}{1+\rho^{(AP)}}\right)^2 \tag{4.19}$$

求对数似然函数关于 $\rho^{(AP)}$ 的一阶偏导数可得

$$\frac{\partial \ln F(\rho^{(AP)}, \sigma^2)}{\partial \rho^{(AP)}} = \frac{1}{\sigma^2(1+\rho^{(AP)})^3}\sum_{i=1}^N\left\{(P_i + E_i)(P_i - \rho^{(AP)}E_i)\right\} \tag{4.20}$$

令其等于 0，可以求得时钟频偏的最大似然估计为

$$\rho_{\mathrm{MLE}}^{(AP)}=\frac{\sum_{i=1}^{N}\left[(P_i+E_i)P_i\right]}{\sum_{i=1}^{N}\left[(P_i+E_i)D_i\right]} \tag{4.21}$$

4.1.3 CRLB

由于随机时延的方差σ^2未知，σ^2和$\rho^{(AP)}$可看作一个矢量参数$\boldsymbol{\varepsilon}=[\rho^{(AP)}\ \ \sigma^2]^{\mathrm{T}}$，则 CRLB 可通过求费希尔信息矩阵$\boldsymbol{I}(\varepsilon)$的逆矩阵得到。式(4.19)分别求解关于$\rho^{(AP)}$和$\sigma^2$的二阶偏导数可得

$$\begin{aligned}\frac{\partial^2\ln F(\rho^{(AP)},\sigma^2)}{\partial\rho^{(AP)^2}}=&-\frac{1}{\sigma^2(1+\rho^{(AP)})^4}\\&\times\sum_{i=1}^{N}\left\{(P_i+E_i)\left[(1+\rho^{(AP)})E_i+3(P_i-\rho^{(AP)}E_i)\right]\right\}\end{aligned} \tag{4.22}$$

$$\frac{\partial^2\ln F(\rho^{(AP)},\sigma^2)}{\partial\rho^{(AP)}\partial\sigma^2}=-\frac{\sum_{i=1}^{N}\left[(P_i+E_i)(P_i-\rho^{(AP)}E_i)\right]}{\sigma^4(1+\rho^{(AP)})^3} \tag{4.23}$$

$$\frac{\partial\ln F(\rho^{(AP)},\sigma^2)}{\partial\sigma^2}=-\frac{N}{2\sigma^2}+\frac{\sum_{i=1}^{N}\left(P_i-\rho^{(AP)}E_i\right)^2}{2\sigma^4(1+\rho^{(AP)})^2} \tag{4.24}$$

$$\frac{\partial^2\ln F(\rho^{(AP)},\sigma^2)}{\partial\sigma^{2^2}}=\frac{N}{2\sigma^4}-\sum_{i=1}^{N}\left(\frac{P_i-\rho^{(AP)}E_i}{\sigma^3(1+\rho^{(AP)})}\right)^2 \tag{4.25}$$

对式(4.22)、式(4.23)、式(4.25)求负的期望值可得

$$-E\left[\frac{\partial^2\ln F(\rho^{(AP)},\sigma^2)}{\partial\rho^{(AP)^2}}\right]=\frac{3N\sigma^2+\sum_{i=1}^{N}\left(E_i\right)^2}{\sigma^2(1+\rho^{(AP)})^2} \tag{4.26}$$

$$-E\left[\frac{\partial^2\ln F(\rho^{(AP)},\sigma^2)}{\partial\rho^{(AP)}\partial\sigma^2}\right]=\frac{N}{\sigma^2(1+\rho^{(AP)})} \tag{4.27}$$

$$-E\left[\frac{\partial^2\ln F(\rho^{(AP)},\sigma^2)}{\partial\sigma^{2^2}}\right]=\frac{N}{2\sigma^4} \tag{4.28}$$

因此，关于矢量参数$\boldsymbol{\varepsilon}=[\rho^{(AP)}\ \ \sigma^2]^{\mathrm{T}}$的费希尔信息矩阵$\boldsymbol{I}(\varepsilon)$可以表示为

$$\boldsymbol{I}(\boldsymbol{\varepsilon})=\begin{bmatrix} -E\left[\dfrac{\partial^2 \ln F(\rho^{(AP)},\sigma^2)}{\partial \rho^{(AP)^2}}\right] & -E\left[\dfrac{\partial^2 \ln F(\rho^{(AP)},\sigma^2)}{\partial \rho^{(AP)}\partial \sigma^2}\right] \\ -E\left[\dfrac{\partial^2 \ln F(\rho^{(AP)},\sigma^2)}{\partial \sigma^2 \partial \rho^{(AP)}}\right] & -E\left[\dfrac{\partial^2 \ln F(\rho^{(AP)},\sigma^2)}{\partial \sigma^{2^2}}\right] \end{bmatrix} \tag{4.29}$$

对费希尔信息矩阵 $\boldsymbol{I}(\boldsymbol{\varepsilon})$ 求逆矩阵 $\boldsymbol{I}^{-1}(\boldsymbol{\varepsilon})$ 可得

$$\boldsymbol{I}^{-1}(\boldsymbol{\varepsilon})=\begin{bmatrix} \dfrac{\sigma^2(1+\rho^{(AP)})^2}{N\sigma^2+\sum\limits_{i=1}^{N}(E_i)^2} & \dfrac{-2N\sigma^4(1+\rho^{(AP)})}{N^2\sigma^2+N\sum\limits_{i=1}^{N}(E_i)^2} \\ \dfrac{-2N\sigma^4(1+\rho^{(AP)})}{N^2\sigma^2+N\sum\limits_{i=1}^{N}(E_i)^2} & \dfrac{6N\sigma^6+2\sigma^4\sum\limits_{i=1}^{N}(E_i)^2}{N^2\sigma^2+N\sum\limits_{i=1}^{N}(E_i)^2} \end{bmatrix} \tag{4.30}$$

由 CRLB 定理可知，所求的关于 $\rho^{(AP)}$ 和 σ^2 的 CRLB 就是 $\boldsymbol{I}^{-1}(\varepsilon)$ 的相应元素：

$$\operatorname{var}(\hat{\rho}_{\text{MLE}}^{(AP)}) \geqslant \frac{\sigma^2(1+\rho^{(AP)})^2}{N\sigma^2+\sum\limits_{i=1}^{N}(E_i)^2} \tag{4.31}$$

$$\operatorname{var}(\hat{\sigma}^2) \geqslant \frac{6N\sigma^6+2\sigma^4\sum\limits_{i=1}^{N}(E_i)^2}{N^2\sigma^2+N\sum\limits_{i=1}^{N}(E_i)^2} \tag{4.32}$$

此外，根据均方误差的定义：

$$\operatorname{MSE}(\hat{\rho}^{(AP)})=E\left[\left(\rho^{(AP)}-\hat{\rho}^{(AP)}\right)^2\right] \tag{4.33}$$

可以求得 $\rho^{(AP)}$ 最大似然估计的均方误差为

$$\operatorname{MSE}(\hat{\rho}^{(AP)})=(1+\rho^{(AP)})^2\frac{\sum\limits_{i=1}^{N}\left[\sigma^2(E_i)^2+3\sigma^2+(N-1)\sigma^4\right]}{\sum\limits_{i=1}^{N}\left[\sigma^2(E_i)^2+N(E_i)^4\right]} \tag{4.34}$$

图 4.2 所示为节点 A 时钟频偏最大似然估计的 MSE 和 CRLB 曲线。其中，标准差 $\sigma=0.5$，同步周期次数为 5～30。由图可以看出，节点 A 时钟频偏最大似然估计的 MSE 曲线略微高于其对应的 CRLB 曲线，同时，随着同步次数的增多，MSE 趋近于 0。由此可知，通过最大似然估计出的节点 A 的时钟频偏是有效的。

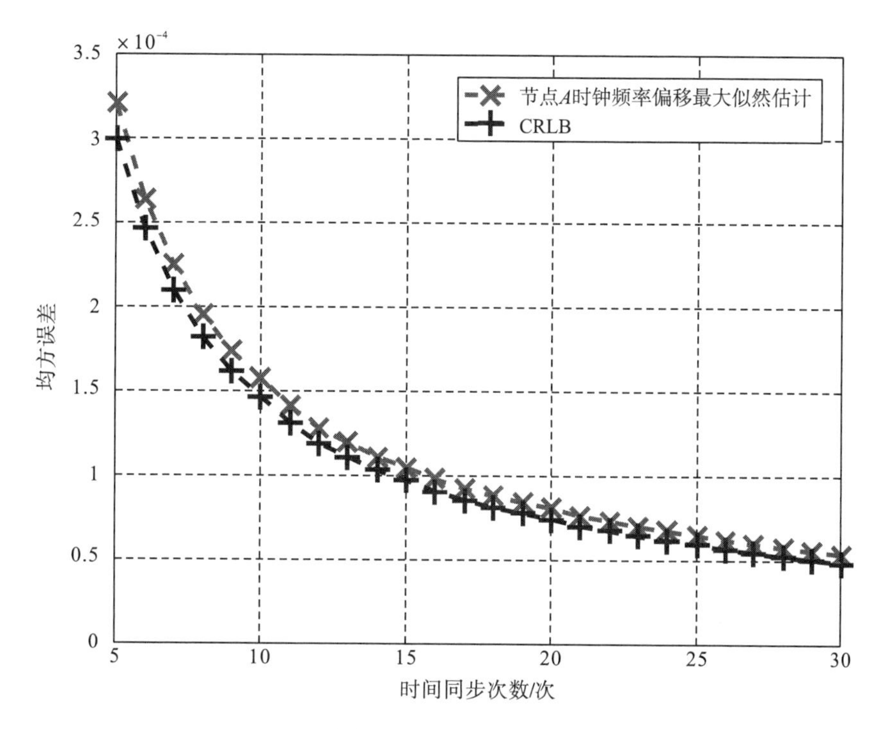

图 4.2　节点 A 时钟频偏最大似然估计的 MSE 和 CRLB

4.1.4　简化估计算法

由于考虑时钟频偏的影响，节点 A 和节点 P 的时钟同步模型［式(4.16)］是非线性的，其推导过程较为复杂且仿真结果表明最大似然估计不是最优的估计。式(4.16)中，考虑到传感器节点时钟频偏的值较小，假设$1+\rho^{(AP)}\approx 1$，则可以得到节点 A 和节点 P 之间线性的时钟同步模型：

$$\begin{aligned}(T_{2,i}^{(P)}-T_{1,i}^{(A)})-(T_{4,i}^{(A)}-T_{3,i}^{(P)})=\rho^{(AP)}[(T_{3,i}^{(P)}-T_{3,i-1}^{(P)})+(T_{1,i}^{(A)}-T_{2,i-1}^{(P)})+(T_{4,i-1}^{(A)}-T_{3,i-1}^{(P)})]\\+[(X_i^{(AP)}-X_{i-1}^{(AP)})-(X_i^{(PA)}-X_{i-1}^{(PA)})]\end{aligned}\tag{4.35}$$

令 $Q_i=(T_{2,i}^{(P)}-T_{1,i}^{(A)})-(T_{4,i}^{(A)}-T_{3,i}^{(P)})$ 、 $M_i=(T_{3,i}^{(P)}-T_{3,i-1}^{(P)})+(T_{1,i}^{(A)}-T_{2,i-1}^{(P)})+(T_{4,i-1}^{(A)}-T_{3,i-1}^{(P)})$、$W_i=(X_i^{(AP)}-X_{i-1}^{(AP)})-(X_i^{(PA)}-X_{i-1}^{(PA)})$，为了使用文献[65]中的定理 4.1 估计时钟频偏 $\rho^{(AP)}$，式(4.35)可进一步写成矩阵形式：

$$\boldsymbol{Q}=\rho^{(AP)}\boldsymbol{M}+\boldsymbol{W}\tag{4.36}$$

其中：$\boldsymbol{Q}=[Q_1\ \cdots\ Q_N]^{\mathrm{T}}$；$\boldsymbol{M}=[M_1\ \cdots\ M_N]^{\mathrm{T}}$；$\boldsymbol{W}=[W_1\ \cdots\ W_N]^{\mathrm{T}}$。由于噪声矢量 $\boldsymbol{W}$ 为 $N(0,\sigma^2\boldsymbol{I})$，观测矩阵 $\boldsymbol{M}$ 已知，根据文献[65]中的定理 4.1，可以估计出节点 A 相对于节点 P 的时钟频偏 $\tilde{\rho}^{(AP)}$ 为

$$\tilde{\rho}^{(AP)}=\left(M^T M\right)^{-1}M^T Q=\frac{\sum_{i=1}^{N}\left(Q_i\cdot M_i\right)}{\sum_{i=1}^{N}\left(M_i^2\right)}$$

$$=\frac{\sum_{i=1}^{N}\left\{\left[(T_{2,i}^{(P)}-T_{1,i}^{(A)})-(T_{4,i}^{(A)}-T_{3,i}^{(P)})\right]\left[(T_{3,i}^{(P)}-T_{3,i-1}^{(P)})+(T_{1,i}^{(A)}-T_{2,i-1}^{(P)})+(T_{4,i-1}^{(A)}-T_{3,i-1}^{(P)})\right]\right\}}{\sum_{i=1}^{N}\left[(T_{3,i}^{(P)}-T_{3,i-1}^{(P)})+(T_{1,i}^{(A)}-T_{2,i-1}^{(P)})+(T_{4,i-1}^{(A)}-T_{3,i-1}^{(P)})\right]^2} \tag{4.37}$$

$$\operatorname{var}\left(\tilde{\rho}^{(AP)}\right)=\sigma^2\left(M^T M\right)^{-1}\geqslant\frac{\sigma^2}{\sum_{i=1}^{N}\left[(T_{3,i}^{(P)}-T_{3,i-1}^{(P)})+(T_{1,i}^{(A)}-T_{2,i-1}^{(P)})+(T_{4,i-1}^{(A)}-T_{3,i-1}^{(P)})\right]^2} \tag{4.38}$$

进一步，可以求得 $\tilde{\rho}^{(AP)}$ 的均方误差：

$$\operatorname{MSE}(\tilde{\rho}^{(AP)})=\frac{\sigma^2}{\sum_{i=1}^{N}\left[(T_{3,i}^{(P)}-T_{3,i-1}^{(P)})+(T_{1,i}^{(A)}-T_{2,i-1}^{(P)})+(T_{4,i-1}^{(A)}-T_{3,i-1}^{(P)})\right]^2} \tag{4.39}$$

图 4.3 是节点 A 线性模型时钟频偏估计的 MSE 和 CRLB 曲线。其中，标准差 $\sigma=0.5$，同步周期次数为 5～30。由图可以看出，节点 A 线性模型时钟频偏估计的 MSE 曲线与其 CRLB 曲线完全重合，节点线性模型时钟频偏估计达到最优。同时，随着同步次数的增多，MSE 趋于 0。

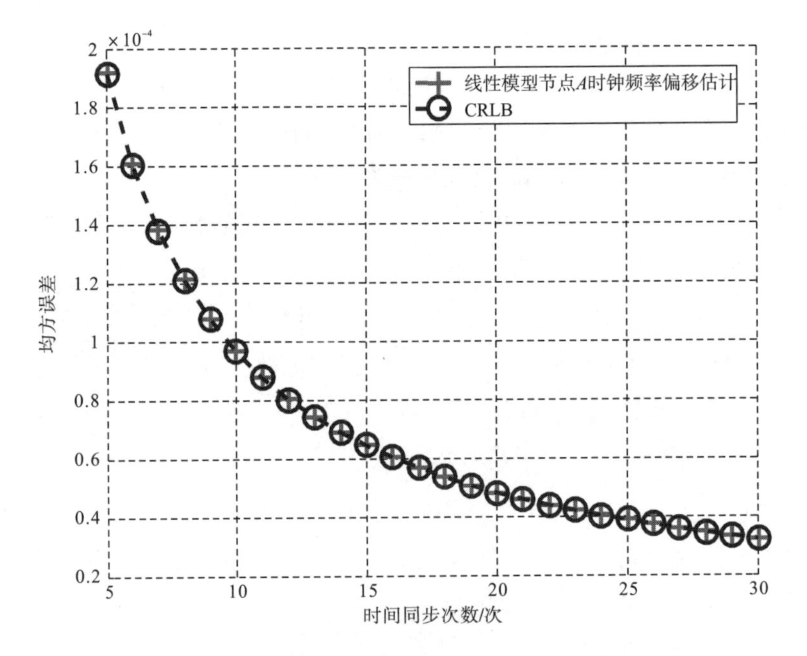

图 4.3 节点 A 线性模型时钟频偏估计的 MSE 和 CRLB

图 4.4 所示为节点 A 非线性模型时钟频偏最大似然估计的 MSE 和线性模型时钟频偏估计的 MSE 曲线。其中，标准差 $\sigma = 0.5$，同步周期次数为 5～30。从图中可以看出，节点 A 线性模型时钟频偏估计的 MSE 曲线略微高于非线性模型时钟频偏最大似然估计的 MSE 曲线，由此可知，非线性模型时钟频偏最大似然估计性能优于线性模型估计性能，原因主要是非线性模型中考虑了时钟频偏对同步产生的影响，提高了时间同步精度。

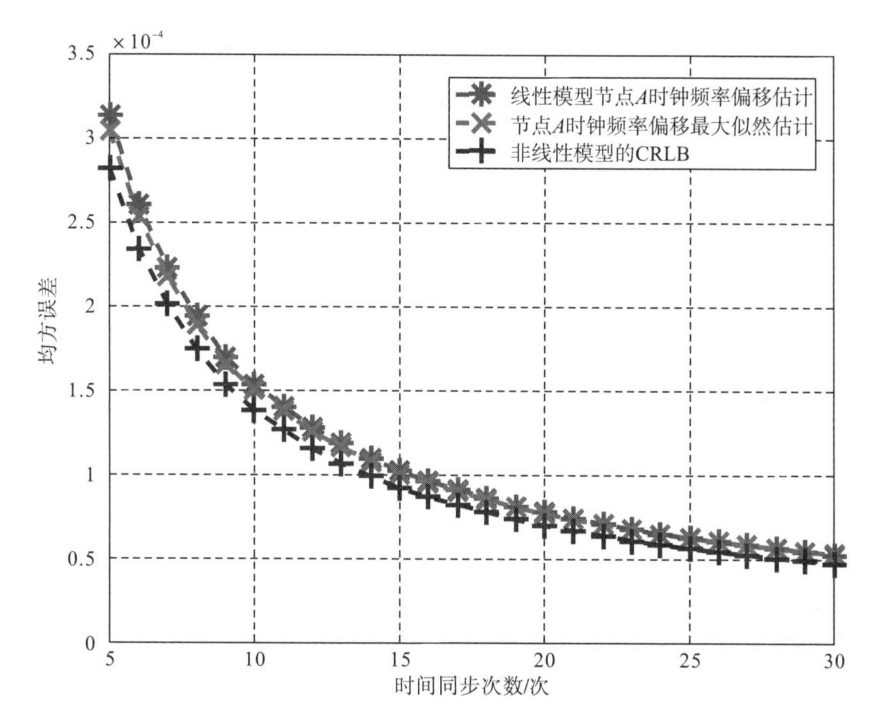

图 4.4　节点 A 非线性和线性模型时钟频偏估计的 MSE 对比

4.2　隐含节点同步参数估计

4.2.1　同步模型

在通用节点 A 与时钟源节点 P 进行双向交互的校正式同步过程中，位于两节点公共领域的隐含节点 B 监听到它们之间的同步过程，同样根据接收到的同步信息与时钟源节点 P 进行校正式同步，具体同步过程如图 4.5 所示。以其中第 i 个时间同步消息交互周期为例，节点 A 发送携有发送时间 $T_{1,i}^{(A)}$ 的同步请求消息给时钟源节点 P，同时节点 B 接收到该消息，并记录当前时间为 $T_{2,i}^{(B)}$；其次，时钟源 P 节点回复响应消息给节点 A，隐含节点 B 也能够接收到该消息并可解析出其携带的时间戳

$T_{2,i}^{(P)}$ 和 $T_{3,i}^{(P)}$ ，同时记录当前接收时间 $T_{4,i}^{(B)}$ ；随后，根据 TPSN 算法节点 B 可估计出第 i 个同步周期中产生的时钟相偏 $\Delta_i^{(BP)}=\left[(T_{2,i}^{(P)}-T_{2,i}^{(B)})-(T_{4,i}^{(B)}-T_{3,i}^{(P)})\right]/2$ ，并在 $T_{5,i}^{(B)}$ 时刻通过减去 $\Delta_i^{(BP)}$ 来调整本地时钟。经过 N 个周期的时间同步消息交互，节点 B 可以获得一系列时间戳 $\left\{T_{2,i}^{(B)},T_{2,i}^{(P)},T_{3,i}^{(P)},T_{4,i}^{(B)}\right\}_{i=1}^{N}$ 。因此，可估计出节点 B 相对于时钟源节点 P 的时钟频偏。

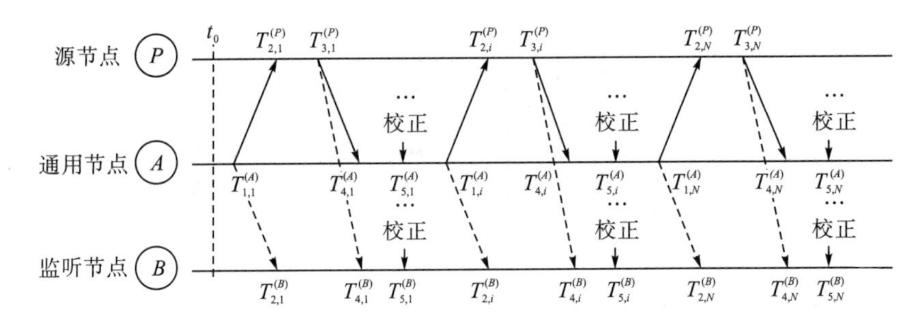

图 4.5 双向同步机制中隐含节点 B 基于周期性校正的时间消息交互流程

如图 4.5 所示，假设整个网络的初始时刻为 t_0 ，在第一个时间同步消息交互过程中，基于差值法定义的时钟模型，且考虑相对时钟频偏的影响，节点 B 接收到来自节点 P 的同步请求消息的时间 $T_{2,1}^{(B)}$ 可以表示为

$$T_{2,1}^{(B)}=T_{1,1}^{(A)}+\theta_{t_0}^{(AB)}+\rho^{(AB)}(T_{1,1}^{(A)}-t_0)+d^{(AB)}+X_1^{(AB)}+\rho^{(AB)}\left(d^{(AB)}+X_1^{(AB)}\right) \tag{4.40}$$

此处同样假设时间同步过程中，时钟频偏 $\rho^{(AB)}$ 和 $\rho^{(BP)}$ 及其固定时延 $d^{(AB)}$ 和 $d^{(BP)}$ 的值均未知且保持不变，且 $d^{(AB)}=d^{(BA)}$ ；随机时延 $X_i^{(AB)}$ 、 $X_i^{(BA)}$ 、 $X_i^{(BP)}$ 和 $X_i^{(PB)}$ 分别是独立同分布的高斯随机变量。

式(4.1)减去式(4.40)可得

$$\begin{aligned}T_{2,1}^{(P)}-T_{2,1}^{(B)}=&\theta_{t_0}^{(BP)}+\rho^{(BP)}(T_{1,1}^{(A)}-t_0)+(1+\rho^{(AP)})(d^{(AP)}+X_1^{(AP)})\\&-(1+\rho^{(AB)})(d^{(AB)}+X_1^{(AB)})\end{aligned} \tag{4.41}$$

同理，节点 B 监听到响应消息的时间 $T_{4,1}^{(B)}$ 可表示为

$$T_{4,1}^{(B)}=T_{3,1}^{(P)}-\theta_{t_0}^{(BP)}-\rho^{(BP)}(T_{3,1}^{(P)}-t_0)+d^{(BP)}+X_1^{(PB)}+\rho^{(BP)}(d^{(BP)}+X_1^{(PB)}) \tag{4.42}$$

根据 TPSN 算法，能够得到节点 B 在第一个时间同步过程中产生的时钟相偏 $\Delta T_1^{(BP)}$，并在随后的 $T_{5,1}^{(B)}$ 时刻利用 $\Delta T_1^{(BP)}$ 校正本地时钟。

$$\begin{aligned}\Delta T_1^{(BP)}&=\frac{(T_{2,1}^{(P)}-T_{2,1}^{(B)})-(T_{4,1}^{(B)}-T_{3,1}^{(P)})}{2}\\&=\frac{1}{2}\Big[2\theta_{t_0}^{(BP)}+\rho^{(BP)}(T_{1,1}^{(A)}+T_{3,1}^{(P)}-2t_0)+(1+\rho^{(AP)})(d^{(AP)}+X_1^{(AP)})\\&\quad-(1+\rho^{(AB)})(d^{(AB)}+X_1^{(AB)})-(1+\rho^{(BP)})(d^{(BP)}+X_1^{(PB)})\Big]\end{aligned} \tag{4.43}$$

节点 B 在 $T_{5,1}^{(B)}$ 时刻校正本地时钟后，下个同步周期的初始参考时间 $T_{5,1}^{(B')}$ 为

$$T_{5,1}^{(B')}=T_{5,1}^{(B)}+\Delta T_{1}^{(BP)}=T_{5,1}^{(B)}+\frac{(T_{2,1}^{(P)}-T_{2,1}^{(B)})-(T_{4,1}^{(B)}-T_{3,1}^{(P)})}{2} \tag{4.44}$$

事实上，从初始时刻 t_0 到节点 B 的第一个校正时刻 $T_{5,1}^{(B')}$，节点 B 和节点 P 之间产生的真实时钟相偏量 $\Delta T_{\text{real},1}^{(BP)}$ 为

$$\Delta T_{\text{real},1}^{(BP)}=\theta_{t_0}^{(BP)}+\rho^{(BP)}(T_{5,1}^{(B)}-t_0) \tag{4.45}$$

因此，式(4.45)减去式(4.43)，可得到节点 B 在 $T_{5,1}^{(B)}$ 时刻校正本地时钟后还存在的时钟相偏 $\theta_{t_1}^{(BP)}$ 为

$$\begin{aligned}\theta_{t_1}^{(BP)}&=\Delta T_{\text{real},1}^{(BP)}-\Delta T_{1}^{(BP)}\\&=\rho^{(BP)}\left(T_{5,1}^{(B)}-\frac{T_{1,1}^{(A)}+T_{3,1}^{(P)}}{2}\right)-\frac{1}{2}\Big[(1+\rho^{(AP)})(d^{(AP)}+X_1^{(AP)})\\&\quad-(1+\rho^{(AB)})(d^{(AB)}+X_1^{(AB)})-(1+\rho^{(BP)})(d^{(BP)}+X_1^{(PB)})\Big]\end{aligned} \tag{4.46}$$

同样地，第二个同步周期，节点 B 监听到时间同步请求消息记录的时间 $T_{2,2}^{(B)}$ 可表示为

$$T_{2,2}^{(B)}=T_{1,2}^{(A)}+\theta_{t_1}^{(AB)}+\rho^{(AB)}(T_{1,2}^{(A)}-T_{5,1}^{(AB')})+d^{(AB)}+X_2^{(AB)}+\rho^{(AB)}\left(d^{(AB)}+X_2^{(AB)}\right) \tag{4.47}$$

式中，$T_{5,1}^{(AB')}$ 表示与 $T_{5,1}^{(B')}$ 同一时刻对应的节点 A 的时间。

式(4.7)减去式(4.47)可以得到

$$\begin{aligned}T_{2,2}^{(P)}-T_{2,2}^{(B)}&=\theta_{t_1}^{(BP)}+\theta_{\text{co}_1}^{(BP)}+(1+\rho^{(AP)})(d^{(AP)}+X_2^{(AP)})\\&\quad-(1+\rho^{(AB)})(d^{(AB)}+X_2^{(AB)})\end{aligned} \tag{4.48}$$

式中，$\theta_{\text{co}_1}^{(BP)}$ 为节点 B 和节点 P 从 $T_{5,1}^{(B')}$ 到 $T_{1,2}^{(A)}$ 时间内产生的时钟相偏。

节点 B 监听到时钟源响应消息记录的接收时间 $T_{4,2}^{(B)}$ 可表示为

$$T_{4,2}^{(B)}=T_{3,2}^{(A)}-\theta_{t_1}^{(BP)}-\rho^{(BP)}(T_{3,2}^{(A)}-T_{5,1}^{(B')})+d^{(BP)}+X_2^{(PB)}+\rho^{(BP)}(d^{(BP)}+X_2^{(PB)}) \tag{4.49}$$

因此，节点 B 同样可以估计出第二个时间同步消息交互过程中其相对于节点 P 的时钟相偏量：

$$\begin{aligned}\Delta T_2^{(BP)}&=\frac{(T_{2,2}^{(P)}-T_{2,2}^{(B)})-(T_{4,2}^{(B)}-T_{3,2}^{(P)})}{2}\\&=\frac{1}{2}\Big[2\theta_{t_1}^{(BP)}+\theta_{\text{co}_1}^{(BP)}+\rho^{(BP)}(T_{3,2}^{(P)}-T_{5,1}^{(B')})+(1+\rho^{(AP)})(d^{(AP)}+X_2^{(AP)})\\&\quad-(1+\rho^{(AB)})(d^{(AB)}+X_2^{(AB)})-(1+\rho^{(BP)})(d^{(BP)}+X_2^{(PB)})\Big]\end{aligned} \tag{4.50}$$

将 $T_{5,1}^{(B')}$ [式(4.44)]和 $\theta_{t_1}^{(BP)}$ [式(4.46)]代入式(4.50)可以得到

$$\Delta T_2^{(BP)} = \frac{1}{2}\{\theta_{\mathrm{co}_1}^{(BP)} + \rho^{(BP)}(T_{5,1}^{(B)} - T_{1,1}^{(A)} + T_{3,2}^{(P)} - T_{3,1}^{(P)}) - \frac{\rho^{(BP)}\left[(T_{2,1}^{(P)} - T_{2,1}^{(B)}) - (T_{4,1}^{(B)} - T_{3,1}^{(P)})\right]}{2} + (1+\rho^{(AP)})(X_2^{(AP)} - X_1^{(AP)}) - (1+\rho^{(AB)})(X_2^{(AB)} - X_1^{(AB)}) - (1+\rho^{(BP)})(X_2^{(PB)} - X_1^{(PB)})\} \tag{4.51}$$

式(4.51)中，由于$\rho^{(BP)}(T_{5,1}^{(B)} - T_{1,1}^{(A)})$表示在时间$T_{1,1}^{(A)}$到$T_{5,1}^{(B)}$内节点$B$相对于节点$P$的时钟相偏，而$\theta_{\mathrm{co}_1}^{(BP)}$表示在时间$T_{5,1}^{(B')}$到$T_{1,2}^{(A)}$内节点$B$相对于节点$P$的时钟相偏，这两部分时钟相偏可进一步表示为

$$\rho^{(BP)}(T_{5,1}^{(B)} - T_{1,1}^{(A)}) + \theta_{\mathrm{co}_1}^{(BP)} = \rho^{(BP)}[(T_{1,2}^{(A)} - T_{1,1}^{(A)}) - \Delta T_1^{(BP)}] \tag{4.52}$$

将式(4.52)代入式(4.51)可以得到

$$\Delta T_2^{(BP)} = \frac{1}{2}\{\rho^{(BP)}[(T_{3,2}^{(P)} - T_{3,1}^{(P)}) + (T_{1,2}^{(A)} - T_{1,1}^{(A)}) - (T_{2,1}^{(P)} - T_{2,1}^{(B)}) + (T_{4,1}^{(B)} - T_{3,1}^{(P)})] + (1+\rho^{(AP)})(X_2^{(AP)} - X_1^{(AP)}) - (1+\rho^{(AB)})(X_2^{(AB)} - X_1^{(AB)}) - (1+\rho^{(BP)})(X_2^{(PB)} - X_1^{(PB)})\} \tag{4.53}$$

随后，节点B在$T_{5,2}^{(B)}$时刻通过减去第一个时间同步消息交互过程中的时钟相偏$\Delta T_1^{(BP)}$来达到校正本地时钟的目的，节点B校正后下个同步周期的初始参考时间$T_{5,2}^{(B')}$变为

$$T_{5,2}^{(B')} = T_{5,2}^{(B)} + \Delta T_2^{(BP)} = T_{5,2}^{(B)} + \frac{(T_{2,2}^{(P)} - T_{2,2}^{(B)}) - (T_{4,2}^{(B)} - T_{3,2}^{(P)})}{2} \tag{4.54}$$

从第二个同步周期的初始参考时刻$T_{5,1}^{(B')}$到节点 B 的第二个校正时刻$T_{5,2}^{(B)}$，节点B和节点P之间产生的真实时钟相偏量$\Delta T_{\mathrm{real},2}^{(BP)}$为

$$\Delta T_{\mathrm{real},2}^{(BP)} = \theta_{t_1}^{(BP)} + \rho^{(BP)}(T_{5,2}^{(B)} - T_{5,1}^{(B')}) \tag{4.55}$$

式(4.55)减去式(4.50)可得到节点B与节点P第二个时间同步周期之后的时钟相偏：

$$\begin{aligned}\theta_{t_2}^{(BP)} &= \Delta T_{\mathrm{real},2}^{(BP)} - \Delta T_2^{(BP)} \\ &= \rho^{(BP)}(T_{5,2}^{(B)} - T_{5,1}^{(B')}) - \frac{1}{2}\theta_{\mathrm{co}_1}^{(BP)} - \frac{\rho^{(BP)}(T_{3,2}^{(P)} - T_{5,1}^{(B')})}{2} \\ &\quad - \frac{1}{2}\Big[(1+\rho^{(AP)})(d^{(AP)} + X_2^{(AP)}) - (1+\rho^{(AB)})(d^{(AB)} + X_2^{(AB)}) \\ &\quad - (1+\rho^{(BP)})(d^{(BP)} + X_2^{(PB)})\Big]\end{aligned} \tag{4.56}$$

此外，节点B和节点P在时间$T_{5,1}^{(B')}$到$T_{1,2}^{(P)}$内产生的时钟相偏可表示为

$$\theta_{\mathrm{co}_1}^{(BP)} = \rho^{(BP)}(T_{1,2}^{(A)} - T_{5,1}^{(B')}) \tag{4.57}$$

进一步，将式(4.57)代入式(4.56)可得

$$
\begin{aligned}
\theta_{t_2}^{(BP)} &= \Delta T_{\text{real},2}^{(BP)} - \Delta T_2^{(BP)} \\
&= \rho^{(BP)}\left(T_{5,2}^{(B)} - \frac{T_{1,2}^{(A)} + T_{3,2}^{(P)}}{2}\right) - \frac{1}{2}\Big[(1+\rho^{(AP)})(d^{(AP)} + X_2^{(AP)}) \\
&\quad -(1+\rho^{(AB)})(d^{(AB)} + X_2^{(AB)}) - (1+\rho^{(BP)})(d^{(BP)} + X_2^{(PB)})\Big]
\end{aligned} \tag{4.58}
$$

式中，$\Delta T_{\text{real},2}^{(BP)}$为第二个同步周期后节点 B 和节点 P 之间的时钟相偏。

表 4.2 给出了节点 B 在进行周期性校正时间同步过程中的参数，主要包括每个同步周期的初始时钟相偏量、校正时间和校正量。

表 4.2　节点 B 周期性校正时间同步过程参数

同步周期	初始时钟相偏量	校正时间	校正量
1	$\theta_{t_0}^{(BP)}$	$T_{5,1}^{(B)}$	$\Delta T_1^{(BP)} = \left[(T_{2,1}^{(P)} - T_{2,1}^{(B)}) - (T_{4,1}^{(B)} - T_{3,1}^{(P)})\right] \div 2$
2	$\theta_{t_1}^{(BP)}$	$T_{5,2}^{(B)}$	$\Delta T_2^{(BP)} = \left[(T_{2,2}^{(P)} - T_{2,2}^{(B)}) - (T_{4,2}^{(B)} - T_{3,2}^{(P)})\right] \div 2$
3	$\theta_{t_2}^{(BP)}$	$T_{5,3}^{(B)}$	$\Delta T_3^{(BP)} = \left[(T_{2,3}^{(P)} - T_{2,3}^{(B)}) - (T_{4,3}^{(B)} - T_{3,3}^{(P)})\right] \div 2$
⋮	⋮	⋮	⋮
i	$\theta_{t_{i-1}}^{(BP)}$	$T_{5,i}^{(B)}$	$\Delta T_i^{(BP)} = \left[(T_{2,i}^{(P)} - T_{2,i}^{(B)}) - (T_{4,i}^{(B)} - T_{3,i}^{(P)})\right] \div 2$

同样地，在第三个时间同步周期，节点 B 和节点 P 进行双向时间同步消息交互后的时钟相偏为

$$
\begin{aligned}
\Delta T_3^{(BP)} &= \frac{(T_{2,3}^{(P)} - T_{2,3}^{(B)}) - (T_{4,3}^{(B)} - T_{3,3}^{(P)})}{2} \\
&= \frac{1}{2}\Big[2\theta_{t_2}^{(BP)} + \theta_{\text{co}_2}^{(BP)} + \rho^{(BP)}(T_{3,3}^{(P)} - T_{5,2}^{(B')}) + (1+\rho^{(AP)})(d^{(AP)} + X_3^{(AP)}) \\
&\quad -(1+\rho^{(AB)})(d^{(AB)} + X_3^{(AB)}) - (1+\rho^{(BP)})(d^{(BP)} + X_3^{(PB)})\Big]
\end{aligned} \tag{4.59}
$$

将 $T_{5,2}^{(B')}$［式(4.54)］和 $\theta_{t_2}^{(BP)}$［式(4.58)］代入式(4.59)可以得到

$$
\begin{aligned}
\Delta T_3^{(BP)} &= \frac{(T_{2,3}^{(P)} - T_{2,3}^{(B)}) - (T_{4,3}^{(B)} - T_{3,3}^{(P)})}{2} \\
&= \frac{1}{2}\{\rho^{(BP)}(T_{5,2}^{(B)} - T_{1,2}^{(A)} + T_{3,3}^{(P)} - T_{3,2}^{(P)}) + \theta_{\text{co}_2}^{(BP)} \\
&\quad - \frac{\rho^{(BP)}\left[(T_{2,2}^{(P)} - T_{2,2}^{(B)}) - (T_{4,2}^{(B)} - T_{3,2}^{(P)})\right]}{2} + (1+\rho^{(AP)})(X_3^{(AP)} - X_2^{(AP)}) \\
&\quad - (1+\rho^{(AB)})(X_3^{(AB)} - X_2^{(AB)}) - (1+\rho^{(BP)})(X_3^{(PB)} - X_2^{(PB)})\}
\end{aligned} \tag{4.60}
$$

式(4.60)中，由于 $\rho^{(BP)}(T_{5,2}^{(B)} - T_{1,2}^{(A)})$ 表示在时间 $T_{1,2}^{(A)}$ 到 $T_{5,2}^{(B)}$ 内节点 B 相对于节点 P 的时钟相偏，而 $\theta_{\text{co}_2}^{(BP)}$ 表示在时间 $T_{5,2}^{(B')}$ 到 $T_{1,3}^{(A)}$ 内节点 B 相对于节点 P 的时钟

相偏，两部分时钟相偏之和可进一步表示如下：

$$\rho^{(BP)}(T_{5,2}^{(B)}-T_{1,2}^{(A)})+\theta_{\mathrm{co}_2}^{(BP)}=\rho^{(BP)}[(T_{1,3}^{(A)}-T_{1,2}^{(A)})-\Delta T_2^{(BP)}] \tag{4.61}$$

将式(4.61)代入式(4.60)可以得到

$$\begin{aligned}\Delta T_3^{(BP)}=\frac{1}{2}\{&\rho^{(BP)}[(T_{3,3}^{(P)}-T_{3,2}^{(P)})+(T_{1,3}^{(A)}-T_{1,2}^{(A)})-(T_{2,2}^{(P)}-T_{2,2}^{(B)})+(T_{4,2}^{(B)}-T_{3,2}^{(P)})]\\&+(1+\rho^{(AP)})(X_3^{(AP)}-X_2^{(AP)})-(1+\rho^{(AB)})(X_3^{(AB)}-X_2^{(AB)})\\&-(1+\rho^{(BP)})(X_3^{(PB)}-X_2^{(PB)})\}\end{aligned} \tag{4.62}$$

重复上述同步过程，第 i 个同步周期节点时钟校正之后，可得到双向同步机制中隐含节点 B 周期性校正的时钟同步模型：

$$\begin{aligned}(T_{2,i}^{(P)}-T_{2,i}^{(B)})-(T_{4,i}^{(B)}-T_{3,i}^{(P)})=\rho^{(BP)}&[(T_{3,i}^{(P)}-T_{3,i-1}^{(P)})+(T_{1,i}^{(A)}-T_{1,i-1}^{(A)})-(T_{2,i-1}^{(P)}-T_{2,i-1}^{(B)})\\&+(T_{4,i-1}^{(B)}-T_{3,i-1}^{(P)})]+(1+\rho^{(AP)})(X_i^{(AP)}-X_{i-1}^{(AP)})\\&-(1+\rho^{(AB)})(X_i^{(AB)}-X_{i-1}^{(AB)})\\&-(1+\rho^{(BP)})(X_i^{(PB)}-X_{i-1}^{(PB)})\end{aligned} \tag{4.63}$$

将三个节点时钟频偏的关系 $\rho^{(AB)}=\rho^{(AP)}-\rho^{(BP)}$ 代入式(4.63)可得

$$\begin{aligned}(T_{2,i}^{(P)}-T_{2,i}^{(B)})-(T_{4,i}^{(B)}-T_{3,i}^{(P)})=\rho^{(BP)}&[(T_{3,i}^{(P)}-T_{3,i-1}^{(P)})+(T_{1,i}^{(A)}-T_{1,i-1}^{(A)})\\&-(T_{2,i-1}^{(P)}-T_{2,i-1}^{(B)})+(T_{4,i-1}^{(B)}-T_{3,i-1}^{(P)})]\\&+(1+\rho^{(AP)})(X_i^{(AP)}-X_{i-1}^{(AP)})\\&-(1+\rho^{(AP)}-\rho^{(BP)})(X_i^{(AB)}-X_{i-1}^{(AB)})\\&-(1+\rho^{(BP)})(X_i^{(PB)}-X_{i-1}^{(PB)})\end{aligned} \tag{4.64}$$

令 $m_{1,i}=(X_i^{(AP)}-X_{i-1}^{(AP)})$、$m_{2,i}=(X_i^{(AB)}-X_{i-1}^{(AB)})$、$m_{3,i}=(X_i^{(PB)}-X_{i-1}^{(PB)})$，假设随机时延 $X_i^{(AP)}$、$X_i^{(AB)}$、$X_i^{(PB)}$ 分别是独立同分布的均值为 μ_1、方差为 $\sigma^2/3$ 的高斯分布变量，若令 $\varphi_i=m_{1,i}-m_{2,i}-m_{3,i}$，则 φ_i 是均值为 0、方差为 σ^2 的高斯分布变量。同时，令 $F_i=(T_{3,i}^{(P)}-T_{3,i-1}^{(P)})+(T_{1,i}^{(A)}-T_{1,i-1}^{(A)})-(T_{2,i-1}^{(P)}-T_{2,i-1}^{(B)})+(T_{4,i-1}^{(B)}-T_{3,i-1}^{(P)})$ 以及 $G_i=(T_{2,i}^{(P)}-T_{2,i}^{(B)})-(T_{4,i}^{(B)}-T_{3,i}^{(P)})$，由于 $m_{1,i}$ 和 $m_{3,i}$ 均是 0 均值的高斯分布变量且频偏 $\rho^{(AP)}$ 和 $\rho^{(BP)}$ 值接近于 0，为了降低估计的复杂度，可将式(4.64)简化为

$$G_i=\rho^{(BP)}F_i+(1+\rho^{(AP)}-\rho^{(BP)})\varphi_i\quad(i=1,2,\cdots,N) \tag{4.65}$$

式中，φ_i 表示均值为 0、方差为 σ^2 的高斯分布变量。

4.2.2 时钟频偏的最大似然估计

式(4.65)中，由于 φ_i 是均值为 0、方差为 σ^2 的高斯分布变量，可得到其对应的似然函数，则节点 B 相对于节点 P 的时钟频偏 $\rho^{(BP)}$ 可通过最大似然估计得

到。根据式(4.65)和时间戳数据集$\left\{T_{2,i}^{(B)},T_{2,i}^{(P)},T_{3,i}^{(P)},T_{4,i}^{(B)}\right\}_{i=1}^{N}$，$\rho^{(BP)}$和$\sigma^2$的似然函数可表示为

$$f(\rho^{(BP)},\sigma^2)=(2\pi\sigma^2)^{-\frac{N}{2}}\cdot\exp\left[\left(-\frac{1}{2\sigma^2}\right)\cdot\sum_{i=1}^{N}\left(\frac{G_i-\rho^{(BP)}F_i}{1+\rho^{(AP)}-\rho^{(BP)}}\right)^2\right] \tag{4.66}$$

式(4.66)两边同时取对数，可进一步得到对数似然函数：

$$\ln f(\rho^{(BP)},\sigma^2)=-\frac{N}{2}\ln(2\pi\sigma^2)-\frac{1}{2\sigma^2}\sum_{i=1}^{N}\left(\frac{G_i-\rho^{(BP)}F_i}{1+\rho^{(AP)}-\rho^{(BP)}}\right)^2 \tag{4.67}$$

4.1 节已得到节点 A 相对于节点 P 的时钟频偏$\rho_{\text{MLE}}^{(AP)}$，因此，在式(4.67)中可将其看作已知量，求对数似然函数关于$\rho^{(BP)}$的一阶偏导数可得

$$\frac{\partial\ln f(\rho^{(BP)},\sigma^2)}{\partial\rho^{(BP)}}=-\frac{1}{\sigma^2}\times\sum_{i=1}^{N}\left[\frac{\left(G_i-\rho^{(BP)}F_i\right)\times\left(G_i-\rho^{(AP)}F_i-F_i\right)}{\left(1+\rho^{(AP)}-\rho^{(BP)}\right)^3}\right] \tag{4.68}$$

令式(4.68)等于 0，可求得节点 B 相对于节点 P 的时钟频偏$\rho^{(BP)}$的最大似然估计为

$$\hat{\rho}_{\text{MLE}}^{(BP)}=\frac{\sum_{i=1}^{N}\left[\left(G_i-\rho^{(AP)}F_i-F_i\right)G_i\right]}{\sum_{i=1}^{N}\left[\left(G_i-\rho^{(AP)}F_i-F_i\right)F_i\right]} \tag{4.69}$$

4.2.3　CRLB

由于高斯分布变量的方差σ^2未知，可将σ^2和$\rho^{(BP)}$看作一个矢量参数$\boldsymbol{\chi}=[\rho^{(BP)}\ \ \sigma^2]^{\mathrm{T}}$，则CRLB 可通过求费希尔信息矩阵$\boldsymbol{I}(\boldsymbol{\chi})$的逆矩阵得到。式(4.67)分别求解关于$\rho^{(BP)}$和$\sigma^2$的二阶偏导数可得

$$\begin{aligned}&\frac{\partial^2\ln f(\rho^{(BP)},\sigma^2)}{\partial{\rho^{(BP)}}^2}\\&=-\frac{\sum_{i=1}^{N}\left\{\left(G_i-\rho^{(AP)}F_i-F_i\right)\times\left[3\left(G_i-\rho^{(BP)}F_i\right)-\left(1+\rho^{(AP)}-\rho^{(BP)}\right)F_i\right]\right\}}{\sigma^2\left(1+\rho^{(AP)}-\rho^{(BP)}\right)^4}\end{aligned} \tag{4.70}$$

$$\frac{\partial^2\ln f(\rho^{(BP)},\sigma^2)}{\partial\rho^{(BP)}\partial\sigma^2}=\frac{\sum_{i=1}^{N}\left[\left(G_i-\rho^{(BP)}F_i\right)\times\left(G_i-\rho^{(AP)}F_i-F_i\right)\right]}{\sigma^4\left(1+\rho^{(AP)}-\rho^{(BP)}\right)^3} \tag{4.71}$$

$$\frac{\partial\ln f(\rho^{(BP)},\sigma^2)}{\partial\sigma^2}=-\frac{N}{2\sigma^2}+\frac{1}{2\sigma^4}\sum_{i=1}^{N}\left(\frac{G_i-\rho^{(BP)}F_i}{1+\rho^{(AP)}-\rho^{(BP)}}\right)^2 \tag{4.72}$$

$$\frac{\partial^2 \ln f(\rho^{(BP)},\sigma^2)}{\partial {\sigma^2}^2}=\frac{N}{2\sigma^4}-\frac{1}{\sigma^6}\sum_{i=1}^{N}\left(\frac{G_i-\rho^{(BP)}F_i}{1+\rho^{(AP)}-\rho^{(BP)}}\right)^2 \tag{4.73}$$

分别对式(4.70)、式(4.71)、式(4.73)求负期望可得

$$-E\left[\frac{\partial^2 \ln f(\rho^{(BP)},\sigma^2)}{\partial {\rho^{(BP)}}^2}\right]=\frac{3N\sigma^2+\sum_{i=1}^{N}\left(F_i^2\right)}{\sigma^2\left(1+\rho^{(AP)}-\rho^{(BP)}\right)^2} \tag{4.74}$$

$$-E\left[\frac{\partial^2 \ln f(\rho^{(BP)},\sigma^2)}{\partial \rho^{(BP)}\partial \sigma^2}\right]=\frac{N}{\sigma^2\left(1+\rho^{(AP)}-\rho^{(BP)}\right)} \tag{4.75}$$

$$-E\left[\frac{\partial^2 \ln f(\rho^{(BP)},\sigma^2)}{\partial {\sigma^2}^2}\right]=\frac{N}{2\sigma^4} \tag{4.76}$$

因此，关于矢量参数 $\chi=[\rho^{(BP)}\ \ \sigma^2]^{\mathrm{T}}$ 的费希尔信息矩阵 $\boldsymbol{I}(\chi)$ 可以表示为

$$\begin{aligned}\boldsymbol{I}(\chi)&=\begin{bmatrix}-E\left[\frac{\partial^2 \ln f(\rho^{(BP)},\sigma^2)}{\partial {\rho^{(BP)}}^2}\right] & -E\left[\frac{\partial^2 \ln f(\rho^{(BP)},\sigma^2)}{\partial \rho^{(BP)}\partial \sigma^2}\right]\\ -E\left[\frac{\partial^2 \ln f(\rho^{(BP)},\sigma^2)}{\partial \sigma^2\partial \rho^{(BP)}}\right] & -E\left[\frac{\partial^2 \ln f(\rho^{(BP)},\sigma^2)}{\partial {\sigma^2}^2}\right]\end{bmatrix}\\ &=\begin{bmatrix}\frac{3N\sigma^2+\sum_{i=1}^{N}\left(F_i^2\right)}{\sigma^2\left(1+\rho^{(AP)}-\rho^{(BP)}\right)^2} & \frac{N}{\sigma^2\left(1+\rho^{(AP)}-\rho^{(BP)}\right)}\\ \frac{N}{\sigma^2\left(1+\rho^{(AP)}-\rho^{(BP)}\right)} & \frac{N}{2\sigma^4}\end{bmatrix}\end{aligned} \tag{4.77}$$

求费希尔信息矩阵 $\boldsymbol{I}(\chi)$ 的逆矩阵可得

$$\boldsymbol{I}^{-1}(\chi)=\begin{bmatrix}\frac{\sigma^2\left(1+\rho^{(AP)}-\rho^{(BP)}\right)^2}{N\sigma^2+\sum_{i=1}^{N}\left(F_i\right)^2} & \frac{2N\sigma^4\left(1+\rho^{(AP)}-\rho^{(BP)}\right)}{N^2\sigma^2+N\sum_{i=1}^{N}\left(F_i\right)^2}\\ \frac{2N\sigma^2\left(1+\rho^{(AP)}-\rho^{(BP)}\right)}{N^2\sigma^2+N\sum_{i=1}^{N}\left(F_i\right)^2} & \frac{6N\sigma^6+2\sigma^4\sum_{i=1}^{N}\left(F_i\right)^2}{N^2\sigma^2+N\sum_{i=1}^{N}\left(F_i\right)^2}\end{bmatrix} \tag{4.78}$$

式中，$\boldsymbol{I}^{-1}(\chi)$ 为费希尔信息矩阵的逆矩阵。

由 CRLB 定理可知，关于 $\rho^{(BP)}$ 和 σ^2 的 CRLB 分别是费希尔信息矩阵逆矩阵的对应元素，即

$$\mathrm{var}(\hat{\rho}_{\mathrm{MLE}}^{(BP)}) \geqslant \frac{\sigma^2\left(1+\rho^{(AP)}-\rho^{(BP)}\right)^2}{N\sigma^2+\sum_{i=1}^{N}\left(F_i\right)^2} \tag{4.79}$$

$$\mathrm{var}(\hat{\sigma}^2) \geqslant \frac{6N\sigma^6+2\sigma^4\sum_{i=1}^{N}\left(F_i\right)^2}{N^2\sigma^2+N\sum_{i=1}^{N}\left(F_i\right)^2} \tag{4.80}$$

进一步，可以求得关于节点 B 相对于节点 P 的时钟频偏 $\rho^{(BP)}$ 的最大似然估计的均方误差为

$$\mathrm{MSE}(\hat{\rho}^{(BP)}) = \left(1+\rho^{(AP)}-\rho^{(BP)}\right)^2 \frac{\sum_{i=1}^{N}\left[\sigma^2F_i^2+3\sigma^2+(N-1)\sigma^4\right]}{\sum_{i=1}^{N}\left[\sum_{j=1}^{N}\left(F_i^2F_j^{\,2}\right)+\sigma^2F_i^2\right]} \tag{4.81}$$

图 4.6 是隐含节点 B 时钟频偏最大似然估计的 MSE 和 CRLB 曲线。其中，标准差 $\sigma=0.8$，时间同步次数为 5～30。从图中可以看出，节点 B 相对于节点 P 的时钟频偏最大似然估计的 MSE 曲线略高于其对应的 CRLB 曲线，但随着时间同步次数的增加，两曲线间距逐渐减小且两曲线均趋于 0，说明节点 B 相对于节点 P 的时钟频偏的最大似然估计有效且能较好地预测其性能。

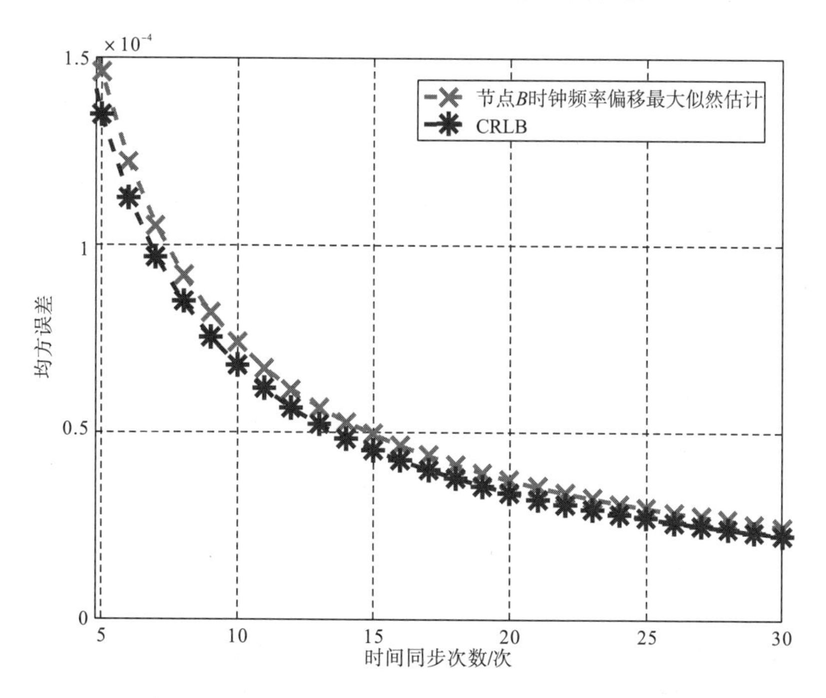

图 4.6　节点 B 时钟频偏最大似然估计的 MSE 和 CRLB

4.2.4 简化估计算法

考虑时钟频偏对节点间的时间消息交互带来的影响，式(4.65)得出的关于节点 B 和节点 P 非线性的时钟同步模型，其推导过程较为复杂，为了进一步降低计算的复杂度，对于式(4.65)，考虑到节点间时钟频偏的真实值较小，假设 $1+\rho^{(AP)}-\rho^{(BP)}\approx 1$，则可得到节点 B 和节点 P 之间基于线性的时钟同步模型：

$$G_i=\rho^{(BP)}F_i+\varphi_i \quad (i=1,2,\cdots,N) \tag{4.82}$$

式中，$F_i=(T_{3,i}^{(P)}-T_{3,i-1}^{(P)})+(T_{1,i}^{(A)}-T_{1,i-1}^{(A)})-(T_{2,i-1}^{(P)}-T_{2,i-1}^{(B)})+(T_{4,i-1}^{(B)}-T_{3,i-1}^{(P)})$，$G_i=(T_{2,i}^{(P)}-T_{2,i}^{(B)})-(T_{4,i}^{(B)}-T_{3,i}^{(P)})$，$\varphi_i=(X_i^{(AP)}-X_{i-1}^{(AP)})-(X_i^{(AB)}-X_{i-1}^{(AB)})-(X_i^{(PB)}-X_{i-1}^{(PB)})$，为了使用文献[65]中的定理 4.1 估计时钟频偏 $\rho^{(BP)}$，式(4.82)可进一步写成矩阵形式：

$$\boldsymbol{G}=\rho^{(BP)}\boldsymbol{F}+\boldsymbol{\varphi} \tag{4.83}$$

式中，$\boldsymbol{G}=\begin{bmatrix}G_1 & \cdots & G_N\end{bmatrix}^{\mathrm{T}}$；$\boldsymbol{F}=\begin{bmatrix}F_1 & \cdots & F_N\end{bmatrix}^{\mathrm{T}}$；$\boldsymbol{\varphi}=\begin{bmatrix}\varphi_1 & \cdots & \varphi_N\end{bmatrix}^{\mathrm{T}}$。

由于噪声矢量 $\boldsymbol{\varphi}$ 为 $N(0,\sigma^2\boldsymbol{I})$，观测矩阵 $\boldsymbol{F}$ 已知，根据文献[65]中的定理 4.1，可以估计出节点 B 相对于节点 P 的时钟频偏 $\tilde{\rho}^{(BP)}$：

$$\begin{aligned}\tilde{\rho}^{(BP)}&=\left(\boldsymbol{F}^{\mathrm{T}}\boldsymbol{F}\right)^{-1}\boldsymbol{F}^{\mathrm{T}}\boldsymbol{G}=\frac{\sum_{i=1}^{N}\left(G_i\cdot F_i\right)}{\sum_{i=1}^{N}\left(F_i^2\right)}\\&=\frac{\sum_{i=1}^{N}\left\{\begin{bmatrix}(T_{2,i}^{(P)}-T_{2,i}^{(B)})-\\(T_{4,i}^{(B)}-T_{3,i}^{(P)})\end{bmatrix}\begin{bmatrix}(T_{3,i}^{(P)}-T_{3,i-1}^{(P)})+(T_{1,i}^{(A)}-T_{1,i-1}^{(A)})-\\(T_{2,i-1}^{(P)}-T_{2,i-1}^{(B)})+(T_{4,i-1}^{(B)}-T_{3,i-1}^{(P)})\end{bmatrix}\right\}}{\sum_{i=1}^{N}\left[(T_{3,i}^{(P)}-T_{3,i-1}^{(P)})+(T_{1,i}^{(A)}-T_{1,i-1}^{(A)})-(T_{2,i-1}^{(P)}-T_{2,i-1}^{(B)})+(T_{4,i-1}^{(B)}-T_{3,i-1}^{(P)})\right]^2}\end{aligned} \tag{4.84}$$

$$\begin{aligned}\operatorname{var}\left(\tilde{\rho}^{(AP)}\right)&=\frac{\sigma^2}{\left(\boldsymbol{F}^{\mathrm{T}}\boldsymbol{F}\right)^{-1}}\\&\geqslant\frac{\sigma^2}{\sum_{i=1}^{N}\left[(T_{3,i}^{(P)}-T_{3,i-1}^{(P)})+(T_{1,i}^{(A)}-T_{1,i-1}^{(A)})-(T_{2,i-1}^{(P)}-T_{2,i-1}^{(B)})+(T_{4,i-1}^{(B)}-T_{3,i-1}^{(P)})\right]^2}\end{aligned} \tag{4.85}$$

$$\operatorname{MSE}(\tilde{\rho}^{(AP)})=\frac{\sigma^2}{\sum_{i=1}^{N}\left[(T_{3,i}^{(P)}-T_{3,i-1}^{(P)})+(T_{1,i}^{(A)}-T_{1,i-1}^{(A)})-(T_{2,i-1}^{(P)}-T_{2,i-1}^{(B)})+(T_{4,i-1}^{(B)}-T_{3,i-1}^{(P)})\right]^2} \tag{4.86}$$

图 4.7 是线性模型中隐含节点 B 时钟频偏估计的 MSE 和 CRLB 曲线。其中，标准差 $\sigma=0.75$，时间同步次数为 5～30。由图可以看出，节点 B 相对于节点 P 的线性模型时钟频偏估计的 MSE 曲线和其对应的 CRLB 曲线完全重

合，两条曲线间距随着时间同步周期次数的增加逐渐减小且两曲线均趋于 0，说明节点 B 相对于节点 P 的线性模型的时钟频偏估计是有效的，且属于最小方差无偏估计量。

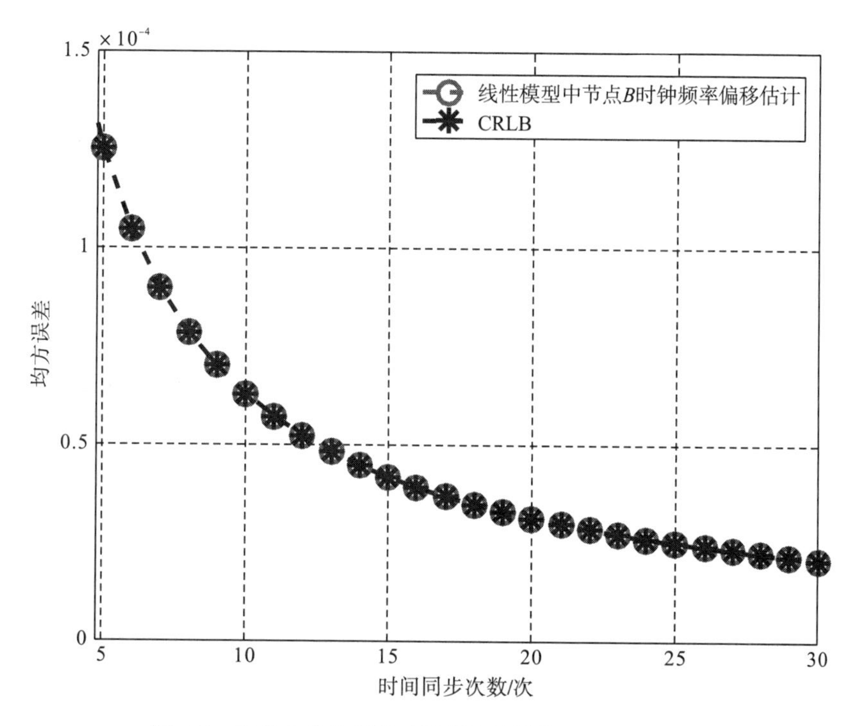

图 4.7　节点 B 线性模型时钟频偏估计的 MSE 和 CRLB

图 4.8 是通用节点 A 相对于时钟源节点 P 与隐含节点 B 相对于时钟源节点 P 的时钟频偏最大似然估计的 MSE 对比曲线。其中，标准差 $\sigma = 0.8$，时间同步次数为 5～30。从图中可以看到，节点 A 时钟频偏最大似然估计的 MSE 曲线低于隐含节点 B 时钟频偏最大似然估计的 MSE 曲线，相比节点 A 直接与时钟源节点 P 进行时间同步信息交互，节点 B 相对于时钟源节点 P 的时钟频偏估计的模型是经过近似处理的，因此时钟同步的性能会受到影响。

图 4.9 是节点 B 非线性模型时钟频偏最大似然估计的 MSE(式 4.81)和线性模型时钟频偏估计的 MSE(式 4.86)曲线。其中，标准差 $\sigma = 0.75$，同步周期次数为 5～30。由图可以看出，节点 B 非线性模型时钟频偏最大似然估计的 MSE 曲线明显低于线性模型时钟频偏估计的 MSE 曲线，同时所有曲线随着时间同步周期次数的增加逐渐下降且趋于 0，由此可知，非线性模型时钟频偏最大似然估计性能优于线性模型的估计性能，主要原因是非线性模型中考虑了时钟频偏对同步产生的影响，提高了时间同步精度。

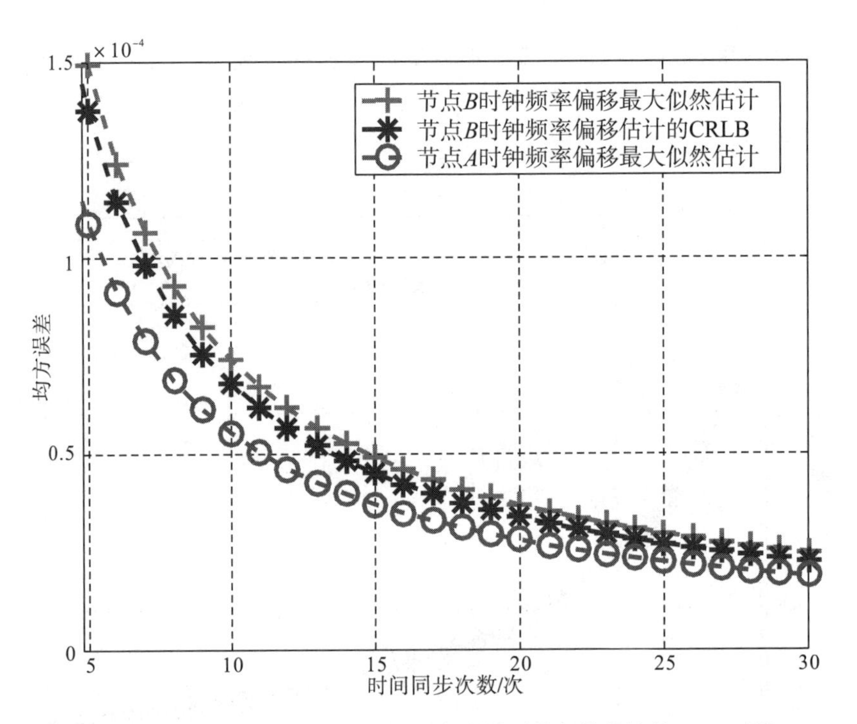

图 4.8　隐含节点 B 和通用节点 A 时钟频偏最大似然估计的 MSE 对比

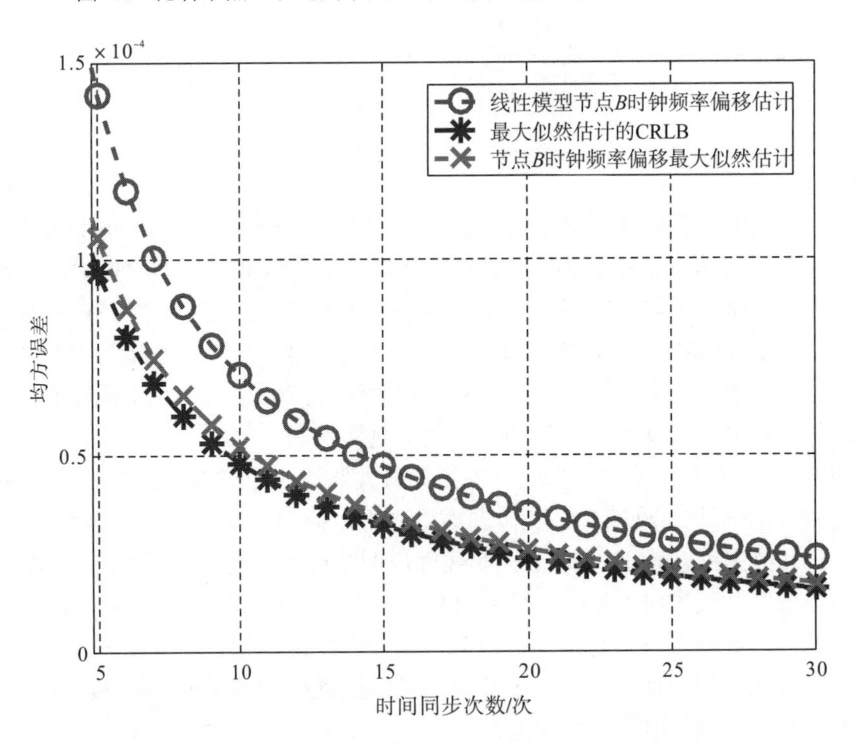

图 4.9　隐含节点 B 非线性和线性模型时钟频偏估计的 MSE 对比

第 5 章　指数时延与多跳网络中的校正式同步参数估计方法

在第 3 章所述的基于周期性校正的确认帧同步和监听同步中，都假设随机时延是服从高斯分布的随机变量，然而，工业物联网的场景多种多样，高斯随机时延不能适用于所有网络。针对不同的网络场景，设计不同的同步参数估计方法非常有必要。此外，多跳分层传感器网络中的时间同步常常涉及多跳转发问题，其原因在于网络中很难选出一个与其他节点都能建立直接通信的参考节点。时钟源节点与通用节点经常需要通过多跳节点间的通信才能间接地建立起二者的同步关系。对于多跳网络中的校正型同步算法，中间层节点既充当待同步节点又作为父节点传递时间信息，每次交互后中间层节点都会校正本地时钟。因此，有必要对中间层节点进行时钟补偿，经过多次交互后，估计出节点的时钟频率偏移，进而使节点维持一个较长时间的同步可靠性。

本章首先基于周期性校正的确认帧同步模型，假设随机时延是指数随机变量，推导通用节点的频偏最大似然估计和 CRLB。为了降低同步参数的估计复杂度，提出通用节点频偏线性估计器。其次在指数随机时延下，针对基于周期性校正的监听同步模型，推导隐含节点的频偏最大似然估计和 CRLB，并提出低复杂度的隐含节点频偏线性估计器。最后针对多跳网络场景，描述面向多跳网络的校正式同步过程，根据交互过程建立同步模型，利用最佳线性无偏估计方法估计时钟频偏，通过仿真验证估计器的有效性，并对比分析通信开销。

5.1　指数时延下的校正式同步

5.1.1　通用节点频偏最大似然估计与 CRLB

1. 最大似然估计

对于时钟频偏估计模型[式(3.45)]，为了简化符号，令 $L_i \triangleq T_{2,i}^{(P)} - T_{1,i}^{(A)}$，$C_i \triangleq T_{1,i}^{(A)} - T_{2,i-1}^{(P)}$，则式(3.45)可以改写为

$$L_i + C_i = (1+\rho^{(AP)})(C_i + V_i) \tag{5.1}$$

定义 $\alpha_0 \triangleq 1/(1+\rho^{(AP)})$，那么式(5.1)可以表示为

$$\alpha_0(L_i+C_i)=C_i+V_i \tag{5.2}$$

这里，首先估计变量α_0。只要得到α_0的最大似然估计，就可以得到$\rho^{(AP)}$的估计。由式(5.2)，因为$V_i \sim \text{Laplace}(0,1/\lambda)$，对数似然函数可以表示为

$$\ln L\left(\rho^{(AP)},\lambda\right)=N\ln\frac{\lambda}{2}-\lambda\sum_{i=2}^{N}\left|\alpha_0(L_i+C_i)-C_i\right| \tag{5.3}$$

因此，α_0的最大似然估计为

$$\hat{\alpha}_0=\arg\min_{\alpha_0}\sum_{i=2}^{N}\left|\alpha_0(L_i+C_i)-C_i\right| \tag{5.4}$$

式(5.4)属于一个无约束L_1范数最小化问题，则α_0最大似然估计可以转化为求以下问题的最优解：

$$\hat{\alpha}_0=\arg\min_{\alpha_0}\sum_{i=2}^{N}(L_i+C_i)\left|\alpha_0-\frac{C_i}{L_i+C_i}\right| \tag{5.5}$$

将$C_2/(L_2+C_2),\cdots,C_N/(L_N+C_N)$作为$N-1$个权重分别为$(L_2+C_2),\cdots,(L_N+C_N)$的无序数，则$\alpha_0$的MLE是数据集$\{L_i+C_i,C_i/(L_i+C_i)\}_{i=2}^{N}$的加权中值。求解加权中值的具体步骤如算法1所示。

算法1：寻找数据集$\{L_i+C_i,C_i/(L_i+C_i)\}_{i=2}^{N}$的加权中值的方法

1：定义$\beta_i^{(AP)}\triangleq C_i/\left(L_i+C_i\right)$以及其对应的权重$\left(L_i+C_i\right)$；

2：按升序对步骤1中定义的无序数进行排序：$\beta_{[2]}^{(AP)}<\cdots<\beta_{[i]}^{(AP)}<\cdots<\beta_{[N]}^{(AP)}$；

3：在$K_i=2,\cdots,N$，寻找满足$\sum_{i=[2]}^{[K_i]}\left(L_i+C_i\right)\geqslant 0.5\sum_{i=2}^{N}\left(L_i+C_i\right)$的最小元素$K_i$，并将其定义为$K^*$；

4：数据集$\{L_i+C_i,C_i/(L_i+C_i)\}_{i=2}^{N}$的加权中值为：$\eta_{[K^*]}^{(AP)}=C_{K^*}/\left(C_{K^*}+L_{K^*}\right)$。

基于之前得到的观测值，α_0的最大似然值为

$$\hat{\alpha}_0=\beta_{[K^*]}^{(AP)}=C_{K^*}/(C_{K^*}+L_{K^*}) \tag{5.6}$$

式中，$\beta_{[K^*]}^{(AP)}$为数据集$\{L_i+C_i,C_i/(L_i+C_i)\}_{i=2}^{N}$的加权中值。

由于$\alpha_0=1/(1+\rho^{(AP)})$，则$\rho^{(AP)}$的估计值为

$$\hat{\rho}_{\text{MLE}}^{(AP)}=(1-\hat{\alpha}_0)/\hat{\alpha}_0$$

2. 近似CRLB

值得注意的是，式(5.3)中关于时钟频偏的对数似然函数$\rho^{(AP)}$在$(L_i-\rho^{(AP)}C_i)/(1+\rho^{(AP)})=0$时不可微，因此$\hat{\rho}_{\text{MLE}}^{(AP)}$的CRLB不存在。然而，对数似然函数可以近似为一个对$\rho^{(AP)}$可微的函数。本小节采用的近似函数如下：

$$|u| \approx \frac{1}{r}\ln\left[\cosh(ru)\right] \tag{5.7}$$

式中，r 为用于控制近似精度的参数。当 $r=200$ 时，式(5.7)给出了近乎完美的近似。

因为 $V_i=(L_i-\rho^{(AP)}C_i)/(1+\rho^{(AP)})$，并且其被假设为一个拉普拉斯随机分布 $V_i\sim \text{Laplace}(0,1/\lambda)$，所以式(5.3)的近似似然函数可以表示为

$$\ln L\left(\rho^{(AP)},\lambda\right) \approx N\ln\frac{\lambda}{2}-\lambda\sum_{i=2}^{N}\frac{1}{r}\ln\left\{\cosh\left[r\left(\frac{L_i-\rho^{(AP)}C_i}{1+\rho^{(AP)}}\right)\right]\right\} \tag{5.8}$$

式(5.8)分别对 $\rho^{(AP)}$ 和 λ 求二阶导数，可以得到

$$\begin{aligned}\frac{\partial^2 \ln L(\rho^{(AP)},\lambda)}{\partial {\rho^{(AP)}}^2} &= -\sum_{i=2}^{N}\left[\frac{C_i+L_i}{(1+\rho^{(AP)})^2}\right]^2 \operatorname{sech}^2(rV_i)\times\lambda r \\ &\quad -\sum_{i=2}^{N}\frac{C_i+L_i}{(1+\rho^{(AP)})^3}\tanh(rV_i)\times 2\lambda\end{aligned} \tag{5.9}$$

$$\frac{\partial^2 \ln L(\rho^{(AP)},\lambda)}{\partial \lambda^2} = -\frac{N}{\lambda^2} \tag{5.10}$$

$$\frac{\partial^2 \ln L(\rho^{(AP)},\lambda)}{\partial \rho^{(AP)}\partial\lambda} = \sum_{i=2}^{N}\frac{C_i+L_i}{(1+\rho^{(AP)})^2}\tanh(rV_i) \tag{5.11}$$

为了推导 CRLB，需要进一步获得式(5.9)、式(5.10)、式(5.11)相对于 V_i 的负期望。注意到 $\int_0^{+\infty}\tanh(x)\,\mathrm{e}^{-\mu x}\mathrm{d}x=-\int_{-\infty}^{0}\tanh(x)\,\mathrm{e}^{\mu x}\mathrm{d}x$，这意味着：

$$\int_{-\infty}^{+\infty}\tanh(rV_i)\frac{\lambda}{2}\mathrm{e}^{-\lambda V_i}\mathrm{d}V_i=0 \tag{5.12}$$

此外，由于 $\int_{0}^{+\infty}\operatorname{sech}^2(x)\mathrm{e}^{-\lambda x}\mathrm{d}x=\int_{-\infty}^{0}\operatorname{sech}^2(x)\mathrm{e}^{\lambda x}\mathrm{d}x=\frac{\lambda}{2}\left[\psi\left(\frac{\lambda+2r}{4}\right)-\psi\left(\frac{\lambda}{4}\right)\right]-1$，其中 $\psi(x)$ 是欧拉 psi 函数，可得

$$\int_{-\infty}^{+\infty}\operatorname{sech}^2(rV_i)\frac{\lambda}{2}\mathrm{e}^{-\lambda V_i}\mathrm{d}V_i=\frac{\lambda}{r}\left\{\frac{\lambda}{2r}\left[\psi\left(\frac{\lambda+2r}{4r}\right)-\psi\left(\frac{\lambda}{4r}\right)\right]-1\right\} \tag{5.13}$$

定义 $M \triangleq \frac{\lambda}{2r}\left[\psi\left(\frac{\lambda+2r}{4r}\right)-\psi\left(\frac{\lambda}{4r}\right)\right]-1$。根据式(5.12)和式(5.13)，式(5.9)、式(5.10)、式(5.11)相对于 V_i 的期望可写成

$$E\left[\frac{\partial^2 \ln L(\rho^{(AP)},\lambda)}{\partial {\rho^{(AP)}}^2}\right]=-\lambda^2 M\sum_{i=2}^{N}\left[\frac{C_i+L_i}{(1+\rho^{(AP)})^2}\right]^2 \tag{5.14}$$

$$E\left[\frac{\partial^2 \ln L(\rho^{(AP)},\lambda)}{\partial \rho^{(AP)}\partial\lambda}\right]=0 \tag{5.15}$$

$$E\left[\frac{\partial^2 \ln L(\rho^{(AP)},\lambda)}{\partial \lambda^2}\right] = -\frac{N}{\lambda^2} \tag{5.16}$$

因此，费希尔信息矩阵为

$$\begin{aligned}\boldsymbol{F}\left(\rho^{(AP)},\lambda\right) &= \begin{bmatrix} -E\left[\dfrac{\partial^2 \ln L(\rho^{(AP)},\lambda)}{\partial {\rho^{(AP)}}^2}\right] & -E\left[\dfrac{\partial^2 \ln L(\rho^{(AP)},\lambda)}{\partial \rho^{(AP)} \partial \lambda}\right] \\ -E\left[\dfrac{\partial^2 \ln L(\rho^{(AP)},\lambda)}{\partial \lambda \partial \rho^{(AP)}}\right] & -E\left[\dfrac{\partial^2 \ln L(\rho^{(AP)},\lambda)}{\partial \lambda^2}\right] \end{bmatrix} \\ &= \begin{bmatrix} \lambda^2 M \sum_{i=2}^{N} \left[\dfrac{C_i + L_i}{(1+\rho^{(AP)})^2}\right]^2 & 0 \\ 0 & \dfrac{N}{\lambda^2} \end{bmatrix}\end{aligned} \tag{5.17}$$

求它的逆矩阵可得

$$\boldsymbol{F}^{-1}(\rho^{(AP)},\lambda) = \begin{bmatrix} \dfrac{1}{\lambda^2 M \sum_{i=2}^{N} \left[\dfrac{C_i + L_i}{(1+\rho^{(AP)})^2}\right]^2} & 0 \\ 0 & \dfrac{\lambda^2}{N} \end{bmatrix} \tag{5.18}$$

最后，可得 $\hat{\rho}_{\mathrm{MLE}}^{(AP)}$ 的近似 CRLB 为

$$\operatorname{var}(\hat{\rho}_{\mathrm{MLE}}^{(AP)}) \geqslant \frac{1}{\lambda^2 M \sum_{i=2}^{N} \left[\dfrac{C_i + L_i}{(1+\rho^{(AP)})^2}\right]^2} \tag{5.19}$$

当 r 非常大时，M 趋近于 1。此处，取 $r=200$，$M = \frac{1}{400}\left[\psi\left(\frac{1+400}{800}\right) - \psi\left(\frac{1}{800}\right)\right] - 1$ 的值近似等于 1，因此其可以被省略。

3. 仿真验证

图 5.1 所示为指数时延下时钟频偏 $\rho^{(AP)}$ 估计量的均方误差和近似的 CRLB，其中 $\lambda=1$，$r=200$，$t_0=0$，$d^{(AP)}=2$，$\rho^{(AP)}=0.003$，${\theta_{t_0}}^{(AP)}=10$，调整 ${T_{1,i}}^{(A)}$ 的周期为 $T=8$。

从图 5.1 中可以看出，CRLB 曲线低于 MSE 曲线，其原因在于推导 CRLB 时采用了近似函数；同时，当 N 趋于无穷时，CRLB 和 MSE 的曲线都趋于 0，由于估计性能在样本容量足够大的情况下可以达到最优，MLE 始终保持有效。此外，注意到，当 λ 变得非常大时，式(5.7)的近似会变得很差，甚至可能出现 MSE 低于其相应的 CRLB 的情况，这种情况下的 CRLB 不能作为 MSE 的参考。

然而，在大多数情况下，式(5.7)给出了良好的近似，CRLB 仍然可以被视为性能下界，并预测 MLE $\hat{\rho}_{\text{MLE}}^{(AP)}$ 的性能。

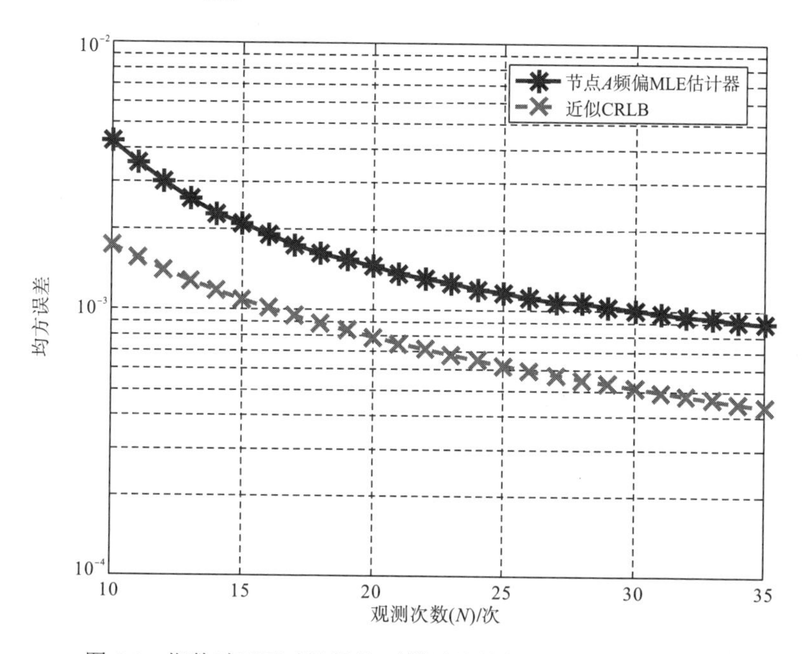

图 5.1　指数时延下时钟频偏 $\rho^{(AP)}$ 估计量的 MSE 和近似 CRLB

5.1.2　通用节点频偏线性估计

在前一小节中，时钟频偏 $\rho^{(AP)}$ 的最大似然估计是基于非线性估计模型[式(3.45)]，并且其中包含 $\rho^{(AP)}V_i$ 项，这导致时钟频偏的间接估计，即需要先获得中间变量 $\hat{\alpha}_0$ 的估计值后，再根据转化公式 $\hat{\rho}_{\text{MLE}}^{(AP)}=(1-\hat{\alpha}_0)/\hat{\alpha}_0$ 估计时钟频偏。在这种情况下，时钟频偏估计的性能会受到影响。因此，本小节中提出一个线性估计模型，以便可以直接估计时钟频偏。由于在实际工业物联网中，时钟频偏相对较小并接近于 0，则 $1+\rho^{(AP)}\approx 1$，式(3.45)可表示为

$$L_i=\rho^{(AP)}C_i+V_i \quad (i=2,3,\cdots,N) \tag{5.20}$$

在式(5.20)中，因为 V_i 被假设为服从拉普拉斯分布的随机变量 $V_i\sim \text{Laplace}(0,1/\lambda)$，所以对数似然函数可以表示为

$$\ln L(\rho^{(AP)},\lambda)=N\ln\frac{\lambda}{2}-\lambda\cdot\sum_{i=2}^{N}\left|L_i-C_i\rho^{(AP)}\right| \tag{5.21}$$

因此，$\rho^{(AP)}$ 的估计 $\hat{\rho}_{\text{pro}}^{(AP)}$ 就变为

$$\hat{\rho}_{\text{pro}}^{(AP)}=\arg\min_{\rho^{(AP)}}\sum_{i=2}^{N}\left|L_i-C_i\rho^{(AP)}\right| \tag{5.22}$$

将 $L_2/C_2,\cdots,L_N/C_N$ 作为 $N-1$ 个无序数，$C_2,\cdots,C_N$ 作为相应的权值，则 $\rho^{(AP)}$ 的最大似然估计被转化为 $\{C_i,L_i/C_i\}_{i=2}^{N}$ 的加权中值。

参照算法 1，可以得到节点 A 的时钟频偏线性估计为

$$\hat{\rho}_{\text{pro}}^{(AP)}=\eta_{[K^*]}^{(AP)}=L_{K^*}/C_{K^*} \tag{5.23}$$

式中，$\eta_{[K^*]}^{(AP)}$ 为数据集 $\{C_i,L_i/C_i\}_{i=2}^{N}$ 的加权中值。

注意到，在式(5.21)中关于时钟频偏 $\rho^{(AP)}$ 的对数似然函数在 $L_i-\rho^{(AP)}C_i=0$ 时是不可微的，此处同样使用式(5.7)来近似对数似然函数，则式(5.21)的近似对数似然函数可以表示为

$$\ln L(\rho^{(AP)},\lambda)\approx N\ln\frac{\lambda}{2}-\lambda\sum_{i=2}^{N}\frac{1}{r}\ln\left\{\cosh\left[r\left(L_i-\rho^{(AP)}C_i\right)\right]\right\} \tag{5.24}$$

式(5.24)对 $\rho^{(AP)}$ 求二阶偏导然后取负的期望，可得

$$E\left[\frac{\partial^2\ln L(\rho^{(AP)},\lambda)}{\partial{\rho^{(AP)}}^2}\right]=-\lambda^2M\sum_{i=2}^{N}C_i^2 \tag{5.25}$$

式中，$M=\frac{\lambda}{2r}\left[\psi\left(\frac{\lambda+2r}{4r}\right)-\psi\left(\frac{\lambda}{4r}\right)\right]-1$。因此，$\hat{\rho}_{\text{pro}}^{(AP)}$ 的近似 CRLB 为

$$\operatorname{var}(\hat{\rho}_{\text{pro}}^{(AP)})\geqslant\frac{1}{\lambda^2M\sum_{i=2}^{N}C_i^2} \tag{5.26}$$

图 5.2 给出了通用节点 A 基于线性同步模型的时钟频偏估计的 MSE 和相应的 CRLB 曲线。从图中可以看出，MSE 大致上接近于 CRLB，并且随着 N 的增加而趋近于 0，表明对于节点 A 提出的时钟频偏线性估计可以保持有效性。

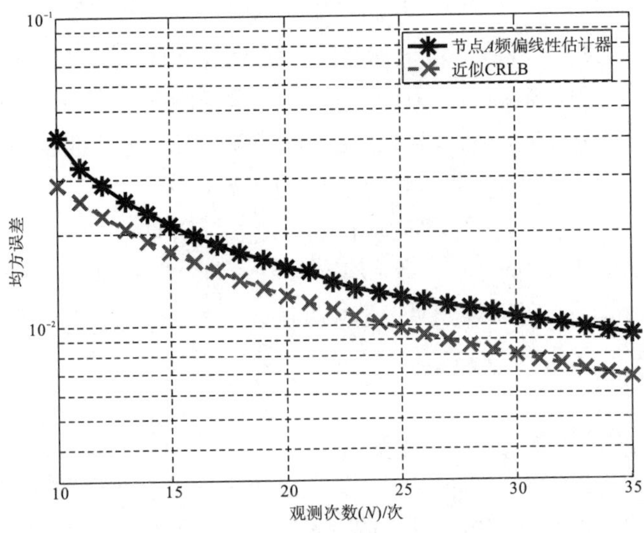

图 5.2　通用节点 A 的时钟频偏线性估计量的 MSE 和近似 CRLB（$\lambda=0.2$）

5.2　指数时延下的监听校正式同步

5.2.1　隐含节点最大似然估计与 CRLB

1. 最大似然估计

式(3.69)可以重写为

$$U_i-\left(1+\rho^{(AP)}\right)H_i=\left(1+\rho^{(AP)}-\rho^{(BP)}\right)\left(-H_i+W_i\right) \tag{5.27}$$

设 $\alpha_1\triangleq 1/\left(1+\rho^{(AP)}-\rho^{(BP)}\right)$，式(5.27)变为

$$H_i=\alpha_1\left[\left(1+\rho^{(AP)}\right)H_i-U_i\right]+W_i \tag{5.28}$$

其中，节点 A 和 P 之间时钟频偏 $\rho^{(AP)}$ 的最大似然估计已在 5.1 节中给出。在这里，首先估计变量 α_1，一旦推导出 α_1 的极大似然估计，就可以得到 $\rho^{(BP)}$ 的估计。

从式(5.28)中可得到对数似然函数：

$$\ln L\left(\rho^{(BP)},\lambda_1\right)=N\ln\frac{\lambda_1}{2}-\lambda_1\sum_{i=2}^{N}\left|\left[1-\alpha_1\left(1+\rho^{(AP)}\right)\right]H_i+\alpha_1 U_i\right| \tag{5.29}$$

因此，α_1 的极大似然估计变成了寻找以下问题的最优解：

$$\hat{\alpha}_1=\underset{\alpha_1}{\arg\min}\sum_{i=2}^{N}\left\{\left[(1+\rho^{(AP)})H_i-P_i\right]\times\left|\alpha_1-\frac{H_i}{\left(1+\rho^{(AP)}\right)H_i-U_i}\right|\right\} \tag{5.30}$$

将 $H_2/\left[\left(1+\rho^{(AP)}\right)H_2-U_2\right],\cdots,H_N/\left[\left(1+\rho^{(AP)}\right)H_N-U_N\right]$ 作为 $N-1$ 个无序数，其相应的权重为 $\left[\left(1+\rho^{(AP)}\right)H_2-U_2\right],\cdots,\left[\left(1+\rho^{(AP)}\right)H_N-U_N\right]$，$\alpha_1$ 的最大似然估计即为 $\left\{\left(1+\rho^{(AP)}\right)H_i-U_i,H_i/\left[\left(1+\rho^{(AP)}\right)H_i-U_i\right]\right\}_{i=2}^{N}$ 的加权中值。

参考算法 1，根据上述观察结果，可得到 α_1 的最大似然估计：

$$\hat{\alpha}_1=\eta_{[K^*]}^{(AP)}==H_{K^*}/\left[\left(1+\rho^{(AP)}\right)H_{K^*}-U_{K^*}\right] \tag{5.31}$$

式中，$\eta_{[K^*]}^{(AP)}$ 为数据集 $\left\{\left(1+\rho^{(AP)}\right)H_i-U_i,H_i/\left[\left(1+\rho^{(AP)}\right)H_i-U_i\right]\right\}_{i=2}^{N}$ 的加权中值。

设 $\alpha_1=1/(1+\rho^{(AP)}-\rho^{(BP)})$，因此得到 $\rho^{(BP)}$ 的估计值：

$$\hat{\rho}_{\mathrm{MLE}}^{(BP)}=\left(1+\rho^{(AP)}\right)-1/\hat{\alpha}_1 \tag{5.32}$$

2. 近似 CRLB

注意到式(5.29)中的对数似然函数在 $(U_i-\rho^{(BP)}H_i)/(1+\rho^{(BP)})=0$ 时是不可微的，同样使用式(5.7)推导近似 CRLB。

由于噪声W_i服从拉普拉斯分布$W_i \sim \text{Laplace}(0,1/\lambda_1)$，式(5.29)的近似似然函数可以表示为

$$\ln L(\rho^{(BP)},\lambda_1) \approx N\ln\frac{\lambda_1}{2} - \lambda_1 \times \sum_{i=2}^{N}\frac{1}{r}\ln\left\{\cosh\left[r\left(U_i - \frac{\left(1+\rho^{(AP)}\right)H_i - P_i}{1+\rho^{(AP)}-\rho^{(BP)}}\right)\right]\right\} \tag{5.33}$$

对近似对数似然函数求$\rho^{(BP)}$的二阶偏导可得

$$\begin{aligned}\frac{\partial^2 \ln L(\rho^{(BP)},\lambda_1)}{\partial {\rho^{(BP)}}^2} = & -\lambda_1\sum_{i=2}^{N} r\left[\frac{(1+\rho^{(AP)})H_i - U_i}{(1+\rho^{(AP)}-\rho^{(LR)})^2}\right]^2 \operatorname{sech}^2(rW_i) \\ & -2\lambda_1\sum_{i=2}^{N}\frac{(1+\rho^{(AP)})H_i - U_i}{(1+\rho^{(AP)}-\rho^{(BP)})^3}\tanh(rW_i)\end{aligned} \tag{5.34}$$

参考式(5.12)、式(5.13)，针对式(5.34)对W_i求其负期望，可得

$$E\left[\frac{\partial^2 \ln L(\rho^{(BP)},\lambda_1)}{\partial {\rho^{(BP)}}^2}\right] = -{\lambda_1}^2 M\sum_{i=2}^{N}\left[\frac{\left(1+\rho^{(AP)}\right)H_i - U_i}{\left(1+\rho^{(AP)}-\rho^{(BP)}\right)^2}\right]^2 \tag{5.35}$$

式中，$M \triangleq \frac{\lambda_1}{2r}\left[\psi\left(\frac{\lambda_1+2r}{4r}\right)-\psi\left(\frac{\lambda_1}{4r}\right)\right]-1$，在 5.1 节中给出了定义。则$\hat{\rho}_{\text{MLE}}^{(BP)}$的近似 CRLB 为

$$\operatorname{var}\left(\hat{\rho}_{\text{MLE}}^{(BP)}\right) \geqslant \frac{1}{{\lambda_1}^2 M\sum_{i=2}^{N}\left[\frac{\left(1+\rho^{(AP)}\right)H_i - U_i}{\left(1+\rho^{(AP)}-\rho^{(BP)}\right)^2}\right]^2} \tag{5.36}$$

3. 仿真结果

图 5.3 显示了指数时延下时钟频偏$\rho^{(BP)}$估计量的 MSE 和式(5.36)中相应的近似 CRLB。仿真参数设置为$\lambda_1=1$，$r=200$，$t_0=0$，$d^{(AB)}=1$，$\rho^{(BP)}=0.002$和${\theta_{t_0}}^{(BP)}=10$。从仿真结果可以看出，随着 N 的增加，MLE 越来越接近下限(即 CRLB)，且趋于零，表明 MLE 始终保持有效。

5.2.2 隐含节点频偏线性估计

前一小节已经推导了时钟频偏$\rho^{(BP)}$的指数 MLE。同样，由于$(\rho^{(AP)}-\rho^{(BP)})W_i$的影响，时间同步模型是非线性的，需要在对中间变量$\hat{\alpha}_1$进行估计后，间接得到时钟频偏的估计，此时估计性能会受到影响。因此，在本小节中，提出了一个线性同步模型，以便直接估计时钟频偏。由于时钟频偏相对较小，假设$1+\rho^{(AP)}-\rho^{(BP)} \approx 1$，则式(3.69)可以进一步写成

$$U_i = \rho^{(BP)}H_i + W_i \qquad (i=2,3,\cdots,N) \tag{5.37}$$

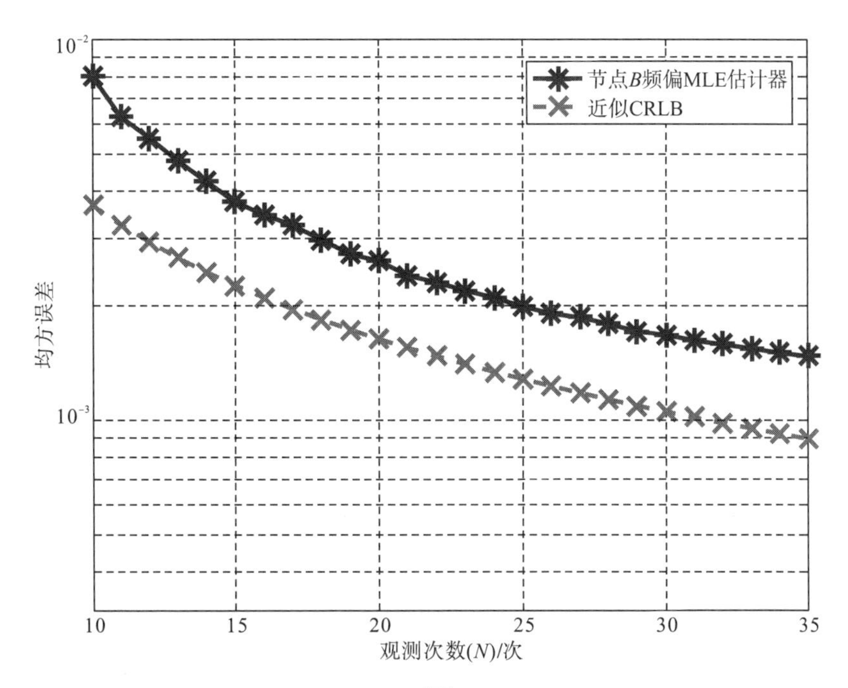

图 5.3　指数时延下时钟频偏 $\rho^{(BP)}$ 估计量的 MSE 和近似 CRLB

噪声 W_i 被假设为一个拉普拉斯分布 $W_i \sim \text{Laplace}(0,1/\lambda_1)$，由式(5.37)可得对数似然函数为

$$\ln L\left(\rho^{(BP)},\lambda_1\right)=N\ln\frac{\lambda_1}{2}-\lambda_1\cdot\sum_{i=2}^{N}\left|U_i-H_i\rho^{(BP)}\right| \tag{5.38}$$

因此，$\rho^{(BP)}$ 的估计变为

$$\underset{\rho^{(BP)}}{\arg\min} D_i\sum_{i=2}^{N}\left|\rho^{(BP)}-\frac{U_i}{H_i}\right| \tag{5.39}$$

将 $U_2/H_2,\cdots,U_N/H_N$ 视为 $N-1$ 个无序数，其权值为 $H_2,\cdots,H_N$，则 $\rho^{(BP)}$ 的 MLE 即为 $\left\{H_i,U_i/H_i\right\}_{i=2}^{N}$ 的加权中值。参考算法 1，$\rho^{(BP)}$ 的估计为

$$\hat{\rho}_{\text{pro}}^{(BP)}=\eta_{[J^*]}^{(BP)}=U_{J^*}/H_{J^*} \tag{5.40}$$

式中，$\eta_{[J^*]}^{(BP)}$ 为数据集 $\left\{H_i,U_i/H_i\right\}_{i=2}^{N}$ 的加权中值。

由于式(5.38)中的对数似然函数关于时钟频偏 $\rho^{(BP)}$ 在 $P_i-\rho^{(BP)}H_i=0$ 是不可微的，此处也采用式(5.7)来近似对数似然函数。则式(5.38)的近似似然函数可表示为

$$\ln L\left(\rho^{(BP)},\lambda_1\right)\approx N\ln\frac{\lambda_1}{2}-\lambda_1\sum_{i=2}^{N}\frac{1}{r}\ln\left\{\cosh\left[r\left(U_i-\rho^{(BP)}H_i\right)\right]\right\} \tag{5.41}$$

近似对数似然函数对 $\rho^{(BP)}$ 求二阶偏导并取负的期望，可得

$$E\left[\frac{\partial^2 \ln L\left(\rho^{(BP)},\lambda_1\right)}{\partial {\rho^{(BP)}}^2}\right]=-{\lambda_1}^2 M\sum_{i=2}^{N}H_i^2 \tag{5.42}$$

式中，$M=\frac{\lambda_1}{2r}\left[\psi\left(\frac{\lambda_1+2r}{4r}\right)-\psi\left(\frac{\lambda_1}{4r}\right)\right]-1$。因此，$\hat{\rho}_{\text{pro}}^{(BP)}$ 的近似 CRLB 可以表达为

$$\operatorname{var}(\hat{\rho}_{\text{pro}}^{(BP)})\geqslant\frac{1}{{\lambda_1}^2 M\sum_{i=2}^{N}H_i^2} \tag{5.43}$$

图 5.4 给出了隐含节点 B 基于线性同步模型的时钟频偏估计的 MSE 和相应的 CRLB 曲线。从图中可以看出，MSE 大致上接近于 CRLB，并且随着 N 的增加而趋近于 0，表明对于节点 B 提出的时钟频偏线性估计是有效的。

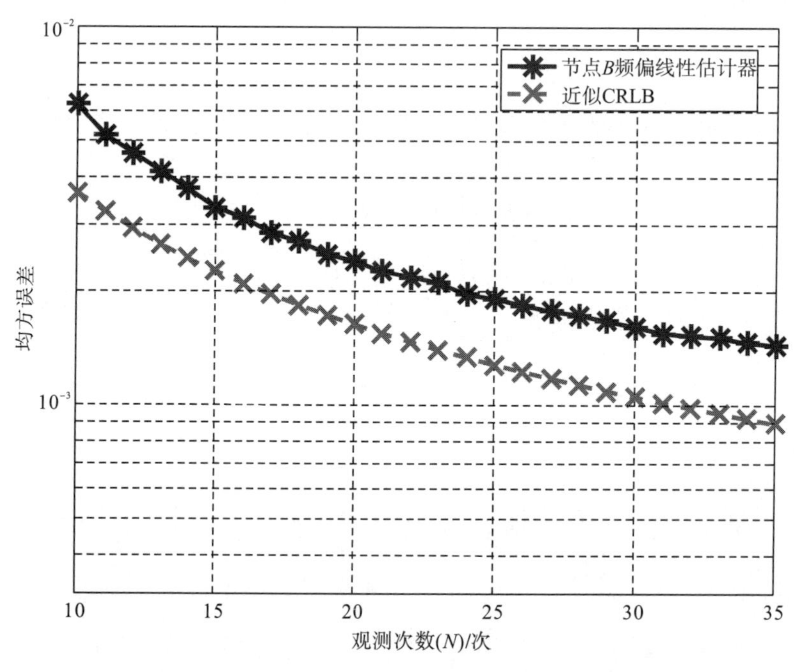

图 5.4 隐含节点 B 的时钟频偏线性估计量的 MSE 和近似 CRLB（$\lambda_1=1$）

图 5.5 比较了当 $\lambda=0.4$ 时，通用节点 A 的时钟频偏线性估计 $\hat{\rho}_{\text{pro}}^{(BP)}$ 与最大似然估计 $\hat{\rho}_{\text{MLE}}^{(AP)}$ 的 MSE。图 5.6 比较了当 $\lambda_1=0.65$ 时，隐含节点 B 的时钟频偏线性估计 $\hat{\rho}_{\text{pro}}^{(BP)}$ 与最大似然估计 $\hat{\rho}_{\text{MLE}}^{(BP)}$ 的 MSE。从图 5.6 中可以看出，尽管隐含节点 B 频偏线性估计的 MSE 与最大似然估计的 MSE 之间的差距随着 N 的增加而减小，但频偏线性估计器仍显示出更好的性能。此外，如图 5.5 和图 5.6 所示，对于通用节点 A 和隐含节点 B，时钟频偏线性估计器的性能都优于最大似然估计器，这是因为频

偏的线性估计量是直接求解，而频偏的最大似然估计量需要通过采用 $\hat{\rho}_{\mathrm{MLE}}^{(AP)}=(1-\hat{\alpha}_0)/\hat{\alpha}_0$ 和 $\hat{\rho}_{\mathrm{MLE}}^{(BP)}=\left(1+\rho^{(AP)}\right)-1/\hat{\alpha}_1$ 的转化，导致估计精度降低。

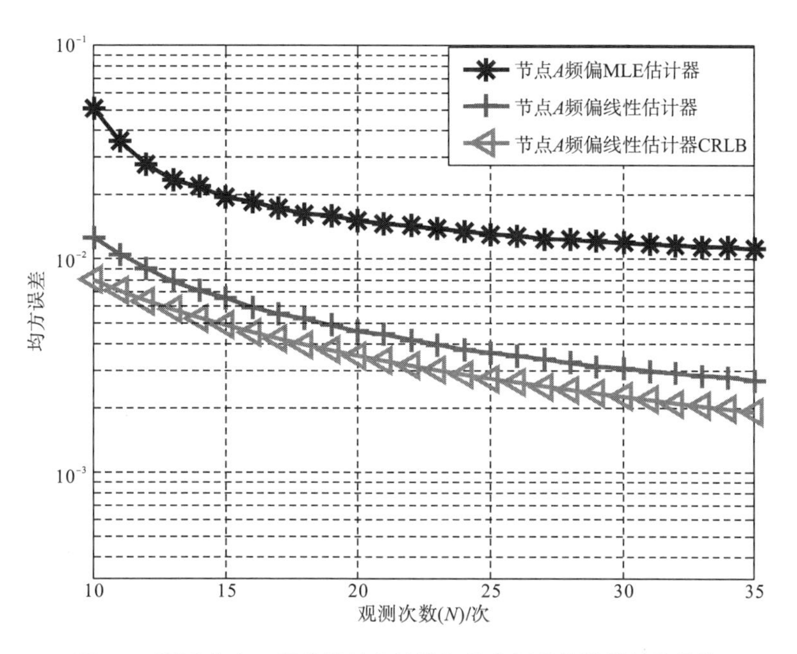

图 5.5　通用节点 A 频偏线性估计器与最大似然估计器性能比较

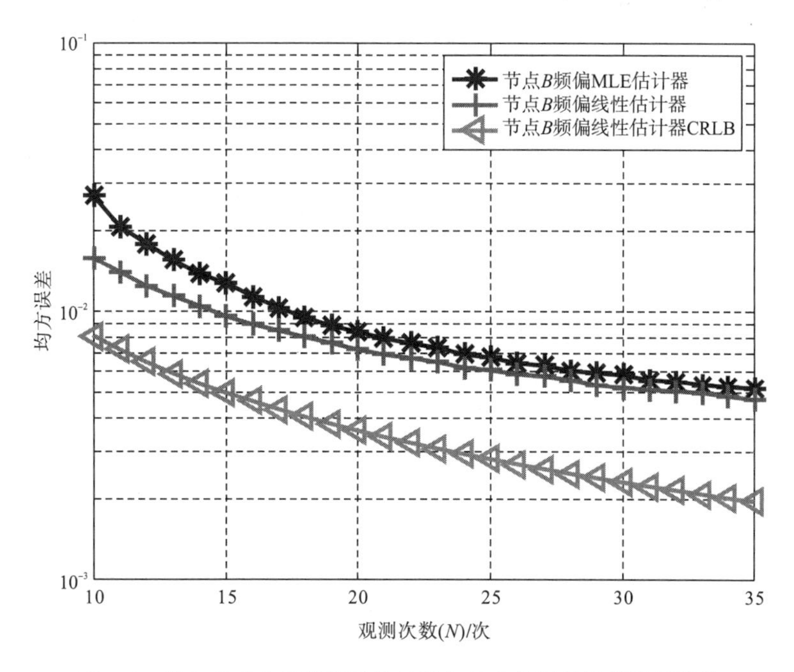

图 5.6　隐含节点 B 频偏线性估计器与最大似然估计器性能比较

5.3 面向多跳网络的校正式同步

5.3.1 网络模型

在一个多跳层次性结构网络中，时钟源节点 P 为网络中的其他节点提供了一个时间基准，节点 P 同时也是多跳网络的根节点，多跳网络中节点逐层实现时间同步，网络中的每个子节点都被分配一个层号(如节点 A_L 是第 L 层子节点)，如图 5.7 所示。假设整个网络是静态的，并且节点间的通信链路是可靠的，每个节点都能与它上/下链路的邻居节点实现数据交换。所有子节点与它们的相邻父节点周期性地进行数据传输，并以此作为时钟参考值，通过时间戳信息计算出时间偏移并补偿，随后计算出时钟频偏进而实现时间同步。

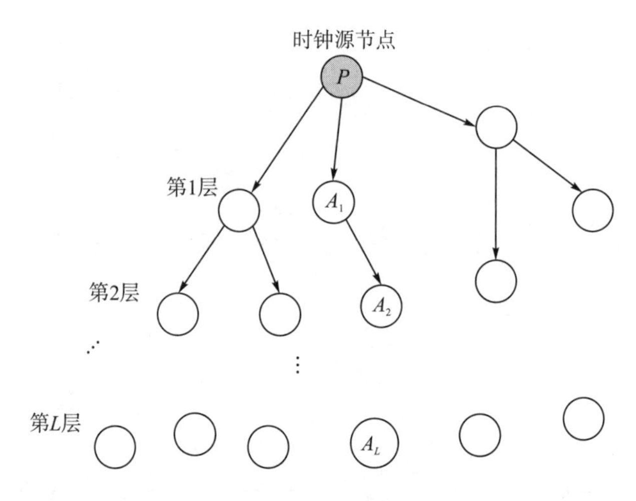

图 5.7 多跳分层工业物联网拓扑图

5.3.2 多跳网络中的校正式同步过程

多跳分层网络中的单向消息同步机制(发送者-接收者同步机制)如图 5.8 所示，时钟源节点 P 将它的时间戳信息发送给对应的子节点，这些子节点记录下其收到时间戳的本地时间。选取一条数据传输链路：节点 A_1 和节点 A_2 分别表示单跳节点和第二跳节点，以此类推，节点 A_L 表示第 L 跳节点。时间同步由时钟源节点 P 发起，t_0 为初始时间，此时节点 P 还没有开始发送时间信息，直到在 $T_{1,1}^{(P)}$ 时刻，节点 P 周期性地向下一跳节点 A_1 发送其当前的时间信息，这些时间信息逐层向下传播，直到到达待同步的目标节点 A_L。

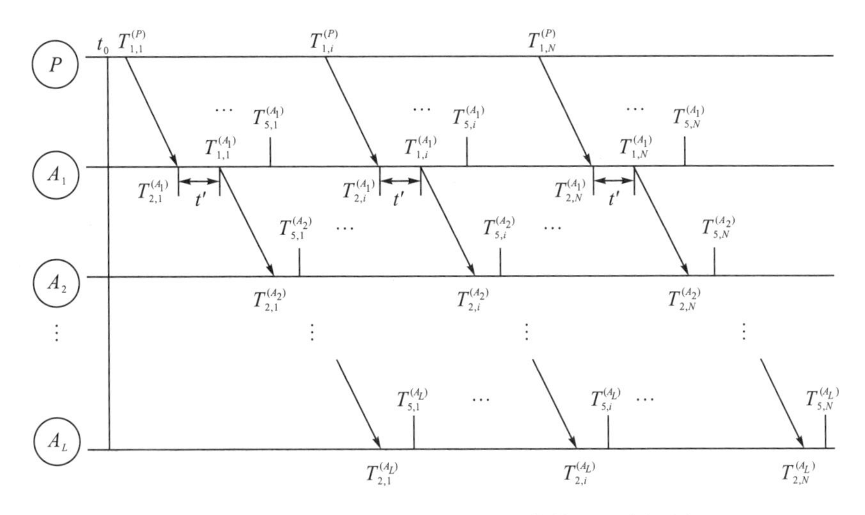

图 5.8　多跳分层网络下的发送者-接收者同步机制

假定在第 i 个周期，节点 P 将其当前的时间信息 $T_{1,i}^{(P)}$ 发送给节点 A_1，一旦收到 P 发来的时间消息，节点 A_1 立即记录下本地时钟信息 $T_{2,i}^{(A_1)}$。随后在 $T_{5,i}^{(A_1)}$ 时刻，节点 A_1 利用这两个时间戳差值 $(T_{2,i}^{(A_1)}-T_{1,i}^{(P)})$ 来校正本地时钟，校正应不晚于节点 P 下一次发起同步的时间。注意到在节点完成校正之后，其时钟精度仍然会受到一些时延的影响，这些误差主要是由短时间内的时钟频偏所带来的影响产生的，而这些影响是非常微弱的。因此，在每轮同步中，节点 A_1 和节点 P 之间的同步误差可以被控制在一个较小的范围内。

类似地，节点 A_1 和节点 A_2 随后进行第二跳节点的时间同步：节点 A_1 将其当前的时间信息 $T_{1,i}^{(A_1)}$ 发送给节点 A_2，收到 A_1 发来的时间消息后，节点 A_2 立即记录下本地时钟信息 $T_{2,i}^{(A_2)}$，并在 $T_{5,i}^{(A_2)}$ 时刻调整本地时钟。以此类推，直到待同步节点 A_L 收到来自上一跳的时间信息并完成校正，至此便完成了节点一个周期的时间同步。所有时间信息均由对应节点的本地时钟测量所得，为了能获得足够多的观测值，以便最终达到一个较为精准的时钟频偏估计结果，以上过程重复 N 次。

5.3.3　多跳网络中的校正式同步模型

1. *参考 P 节点和第一层节点 A_1*

由图 5.8 所示，在第一个同步周期，节点 P 将其当前的时间信息 $T_{1,1}^{(P)}$ 发送给节点 A_1，由 A_1 记录的接收时间 $T_{2,i}^{(A_1)}$ 可表示为

$$T_{2,1}^{(A_1)}=T_{1,1}^{(P)}+\theta_{t_0}^{(PA_1)}+\rho^{(PA_1)}(T_{1,1}^{(P)}-t_0)+d^{(PA_1)}+X_1^{(PA_1)} \tag{5.44}$$

式中，$\theta_{t_0}^{(PA_1)}$为节点 A_1 相对于时钟源节点 P 的初始时钟相偏；$\rho^{(PA_1)}$为节点 A_1 相对于时钟源节点 P 的时钟频偏；$d^{(PA_1)}$为时间信息从节点 P 到节点 A_1 过程中产生的固定时延；$X_1^{(PA_1)}$为时间信息从节点 P 到节点 A_1 过程中产生的随机时延。假设固定时延未知但其值恒定，随机时延服从均值为 μ_0 的独立分布的高斯模型。

进而，时钟源节点 P 和第一层节点 A_1 的收发时间戳的差值可以表示为

$$\begin{aligned}\Delta T_1^{(PA_1)} &= T_{2,1}^{(A_1)} - T_{1,1}^{(P)} \\ &= \theta_{t_0}^{(PA_1)} + \rho^{(PA_1)}(T_{1,1}^{(P)} - t_0) + d^{(PA_1)} + X_1^{(PA_1)}\end{aligned} \tag{5.45}$$

随后经过一小段时间，节点 A_1 在 $T_{5,1}^{(A_1)}$ 时刻利用校正量 $\Delta T_1^{(PA_1)}$ 来调整节点 A_1 的本地时钟。令 $T_{5,1}^{(A_1)*}$ 表示节点 A_1 校正后的时刻，且有 $T_{5,1}^{(A_1)*} = T_{5,1}^{(A_1)} + \Delta T_1^{(PA_1)}$。从初始时间 t_0 到校正时刻 $T_{5,1}^{(A_1)}$ 这段时间内，节点 A_1 相对于参考节点 P 的真实时钟偏差为

$$\Delta T_{\text{true},1}^{(PA_1)} = \theta_{t_0}^{(PA_1)} + \rho^{(PA_1)}(T_{5,1}^{(A_1)} - t_0) \tag{5.46}$$

由式(5.46)减去式(5.45)，得到

$$\begin{aligned}\theta_{t_1}^{(PA_1)} &= \Delta T_{\text{true},1}^{(PA_1)} - \Delta T_1^{(PA_1)} \\ &= \rho^{(PA_1)}(T_{5,1}^{(A_1)} - T_{1,1}^{(P)}) - (d^{(PA_1)} + X_1^{(PA_1)})\end{aligned} \tag{5.47}$$

式中，$\theta_{t_1}^{(PA_1)}$为时钟校正之后，节点 A_1 相对于参考节点 P 新的时钟相偏。

对于第二个同步周期，类似地，节点 A_1 记录的接收时间 $T_{2,2}^{(A_1)}$ 可表示为

$$T_{2,2}^{(A_1)} = T_{1,2}^{(P)} + \theta_{t_1}^{(PA_1)} + \rho^{(PA_1)}(T_{1,2}^{(P)} - T_{5,1}^{(A_1)*}) + d^{(PA_1)} + X_2^{(PA_1)} \tag{5.48}$$

进而，节点 A_1 和节点 P 之间发送时间和接收时间的差值可以表示为

$$\begin{aligned}\Delta T_2^{(PA_1)} &= T_{2,2}^{(A_1)} - T_{1,2}^{(P)} \\ &= \theta_{t_0}^{(PA_1)} + \rho^{(PA_1)}(T_{1,2}^{(P)} - T_{5,1}^{(A_1)*}) + d^{(PA_1)} + X_2^{(PA_1)}\end{aligned} \tag{5.49}$$

将 $\theta_{t_1}^{(PA_1)}$ 和 $T_{5,1}^{(A_1)*}$ 代入式(5.49)得到

$$\Delta T_2^{(PA_1)} = \rho^{(PA_1)}(T_{1,2}^{(P)} - T_{2,1}^{(A_1)}) + X_2^{(PA_1)} - X_1^{(PA_1)} \tag{5.50}$$

类似地，对于第 i 个同步周期，可得

$$\begin{aligned}\Delta T_i^{(PA_1)} &= T_{2,i}^{(A_1)} - T_{1,i}^{(P)} \\ &= \rho^{(PA_1)}(T_{1,i}^{(P)} - T_{2,i-1}^{(A_1)}) + X_i^{(PA_1)} - X_{i-1}^{(PA_1)}\end{aligned} \tag{5.51}$$

2. 第一层节点 A_1 和第二层节点 A_2

在节点 A_1 收到参考节点 P 的时间信息后，A_1 也会向自己的下一层节点 A_2 发送时间信息。对于第一个同步周期，由 A_2 记录的接收时间 $T_{2,i}^{(A_2)}$ 可表示为

$$T_{2,1}^{(A_2)} = T_{1,1}^{(A_1)} + \theta_{t_0}^{(A_1A_2)} + \rho^{(A_1A_2)}(T_{1,1}^{(A_1)} - t_0) + d^{(A_1A_2)} + X_1^{(A_1A_2)} \tag{5.52}$$

式中，$\theta_{t_0}^{(A_1A_2)}$ 为节点 A_2 相对于节点 A_1 的初始时钟相偏；$\rho^{(A_1A_2)}$ 为节点 A_2 相对于节点 A_1 的时钟频偏；$d^{(A_1A_2)}$ 为时间信息从节点 A_1 到节点 A_2 过程中产生的固定时延；$X_1^{(A_1A_2)}$ 为时间信息从节点 A_1 到节点 A_2 过程中产生的随机时延。

进而节点 A_1 和节点 A_2 之间的收发时间戳的差值可以表示为

$$\begin{aligned}\Delta T_1^{(A_1A_2)} &= T_{2,1}^{(A_2)} - T_{1,1}^{(A_1)} \\ &= \theta_{t_0}^{(A_1A_2)} + \rho^{(A_1A_2)}(T_{1,1}^{(A_1)} - t_0) + d^{(A_1A_2)} + X_1^{(A_1A_2)}\end{aligned} \tag{5.53}$$

随后，节点 A_2 在 $T_{5,1}^{(A_2)}$ 时刻利用校正量 $\Delta T_1^{(A_1A_2)}$ 来调整本地时钟。令 $T_{5,1}^{(A_2)*}$ 表示节点 A_2 校正后的时间，且有 $T_{5,1}^{(A_2)*} = T_{5,1}^{(A_2)} + \Delta T_1^{(A_1A_2)}$。事实上，从初始时间 t_0 到校正时刻 $T_{5,1}^{(A_2)}$ 这段时间内，节点 A_2 相对于父节点 A_1 的真实时钟偏差为

$$\Delta T_{\text{true},1}^{(A_1A_2)} = \theta_{t_0}^{(A_1A_2)} + \rho^{(A_1A_2)}(T_{5,1}^{(A_2)} - t_0) \tag{5.54}$$

由式(5.54)减去式(5.53)，可得

$$\begin{aligned}\theta_{t_1}^{(A_1A_2)} &= \Delta T_{\text{true},1}^{(A_1A_2)} - \Delta T_1^{(A_1A_2)} \\ &= \rho^{(A_1A_2)}(T_{5,1}^{(A_2)} - T_{1,1}^{(A_1)}) - (d^{(A_1A_2)} + X_1^{(A_1A_2)})\end{aligned} \tag{5.55}$$

式中，$\theta_{t_1}^{(A_1A_2)}$ 为时钟校正之后，节点 A_2 相对于父节点 A_1 新的时钟相偏。

对于第二个同步周期，此处节点 A_2 和节点 A_1 之间的同步与前面提到的节点 A_1 与时钟源节点 P 之间的同步过程存在差异。时钟源节点 P 不需要调整自己的本地时钟，而节点 A_1 则需要在每个周期内利用时间戳的差值 $(T_{2,i}^{(A_1)} - T_{1,i}^{(P)})$ 来校正自己的本地时钟。因此，从第二个周期开始，需要对节点 A_1 的本地时钟进行补偿。故对于节点 A_2 和节点 A_1，发送时间和接收时间有以下关系：

$$T_{2,2}^{(A_2)} - T_{1,2}^{(A_1)} + (T_{2,1}^{(A_1)} - T_{1,1}^{(P)}) = \theta_{t_1}^{(A_1A_2)} + \rho^{(A_1A_2)}(T_{1,2}^{(A_1)} - T_{5,1}^{(A_2)*}) + d^{(A_1A_2)} + X_2^{(A_1A_2)} \tag{5.56}$$

式中，$T_{2,i}^{(A_1)} - T_{1,i}^{(P)}$ 为对于节点 A_2 的补偿量。

将 $\theta_{t_1}^{(A_1A_2)}$ 和 $T_{5,1}^{(A_2)*}$ 代入式(5.56)，可以得到

$$\begin{aligned}\Delta T_2^{(A_1A_2)} &= T_{2,2}^{(A_2)} - T_{1,2}^{(A_1)} \\ &= \rho^{(A_1A_2)}(T_{1,2}^{(A_1)} - T_{2,1}^{(A_2)}) + X_2^{(A_1A_2)} - X_1^{(A_1A_2)} - (T_{2,1}^{(A_1)} - T_{1,1}^{(P)})\end{aligned} \tag{5.57}$$

从第一次校正后的时刻 $T_{5,1}^{(A_2)*}$ 到本次校正时刻 $T_{5,2}^{(A_2)}$ 这段时间内，节点 A_2 相对于节点 A_1 的真实时钟偏差为

$$\Delta T_{\text{true},1}^{(A_1A_2)} = \theta_{t_1}^{(A_1A_2)} + \rho^{(A_1A_2)}(T_{5,2}^{(A_2)} - T_{5,1}^{(A_2)*}) \tag{5.58}$$

由式(5.58)减去式(5.57)，得到

$$\theta_{t_2}^{(A_1A_2)} = \Delta T_{\text{true},1}^{(A_1A_2)} - \Delta T_2^{(A_1A_2)} = \rho^{(A_1A_2)}(T_{5,2}^{(A_2)} - T_{1,2}^{(A_1)}) + (T_{2,1}^{(A_1)} - T_{1,1}^{(P)}) - (d^{(A_1A_2)} - X_2^{(A_1A_2)}) \tag{5.59}$$

对于第三个同步周期，同样地，注意到节点 A_1 在上个周期利用时间戳的差值 $(T_{2,2}^{(A_1)} - T_{1,2}^{(P)})$ 来校正自己的本地时钟。因此，可得

$$\begin{aligned}\Delta T_3^{(A_1A_2)} &= T_{2,3}^{(A_2)} - T_{1,3}^{(A_1)} \\ &= \rho^{(A_1A_2)}(T_{1,3}^{(A_1)} - T_{2,2}^{(A_2)}) + X_3^{(A_1A_2)} - X_2^{(A_1A_2)} \\ &\quad -\left[(T_{2,2}^{(A_1)} - T_{1,2}^{(P)}) - (T_{2,1}^{(A_1)} - T_{1,1}^{(P)})\right]\end{aligned} \tag{5.60}$$

类似地，对于第 i 个周期，节点 A_2 和节点 A_1 的发送时间和接收时间的差值可以表示为

$$\Delta T_i^{(A_1A_2)} = \rho^{(A_1A_2)}(T_{1,i}^{(A_1)} - T_{2,i-1}^{(A_2)}) + X_i^{(A_1A_2)} - X_{i-1}^{(A_1A_2)} + \sum_{j=1}^{i}\left[(-1)^j(T_{2,i-j+1}^{(A_1)} - T_{1,i-j+1}^{(P)})\right] \tag{5.61}$$

式中，$\sum_{j=1}^{i}\left[(-1)^j(T_{2,i-j+1}^{(A_1)} - T_{1,i-j+1}^{(P)})\right]$ 为对节点 A_1 的补偿量。

表 5.1 给出了在周期为 i 时，节点时钟同步过程中的主要参数。

表 5.1 节点时钟同步过程中的主要参数

节点跳数	初始时钟相偏	校正时刻	校正量
1	$\theta_{t_{i-1}}^{(PA_1)}$	$T_{5,i}^{(A_1)}$	$\Delta T_i^{(PA_1)} = (T_{2,i}^{(A_1)} - T_{1,i}^{(P)})$
2	$\theta_{t_{i-1}}^{(A_1A_2)}$	$T_{5,i}^{(A_2)}$	$\Delta T_i^{(A_1A_2)} = (T_{2,i}^{(A_2)} - T_{1,i}^{(A_1)})$
3	$\theta_{t_{i-1}}^{(A_3A_4)}$	$T_{5,i}^{(A_3)}$	$\Delta T_i^{(A_2A_3)} = (T_{2,i}^{(A_3)} - T_{1,i}^{(A_2)})$
⋮	⋮	⋮	⋮
L	$\theta_{t_{i-1}}^{(A_{L-1}A_L)}$	$T_{5,i}^{(A_L)}$	$\Delta T_i^{(A_{L-1}A_L)} = (T_{2,i}^{(A_L)} - T_{1,i}^{(A_{L-1})})$

3. 第 L-1 层节点 $A_{L\text{-}1}$ 和第 L 层节点 A_L

注意到在同步过程中，所有子节点(A_1，A_2，…，$A_{L\text{-}1}$)都会对其本地时钟进行校正，因此在下一个周期需要引入一个补偿量来保证时钟精度。与之前的模型建立过程类似，对于第 L 层节点 A_L，在第 i 个周期，节点 A_L 和节点 $A_{L\text{-}1}$ 的发送时间和接收时间的差值可以表示为

$$\begin{aligned}\Delta T_i^{(A_{L-1}A_L)} &= T_{2,i}^{(A_L)} - T_{1,i}^{(A_{L-1})} \\ &= \rho^{(A_{L-1}A_L)}(T_{1,i}^{(A_{L-1})} - T_{2,i-1}^{(A_L)}) + X_i^{(A_{L-1}A_L)} - X_{i-1}^{(A_{L-1}A_L)} \\ &\quad + \sum_{j=1}^{i}\left[(-1)^j(T_{2,i-j+1}^{(A_{L-1})} - T_{1,i-j+1}^{(A_{L-2})} + T_{2,i-j+1}^{(A_{L-2})} - T_{1,i-j+1}^{(A_{L-3})} + \cdots + T_{2,i-j+1}^{(A_1)} - T_{1,i-j+1}^{(P)})\right]\end{aligned} \tag{5.62}$$

令 $T_{1,i-j+1}^{(A_x)} - T_{2,i-j+1}^{(A_x)} = t'$，其中 t' 表示节点的处理时间，令其为固定值，进而式(5.62)可以简化成

$$\begin{aligned}\Delta T_i^{(A_{L-1}A_L)} &= T_{2,i}^{(A_L)} - T_{1,i}^{(A_{L-1})} \\ &= \rho^{(A_{L-1}A_L)}(T_{1,i}^{(A_{L-1})} - T_{2,i-1}^{(A_L)}) + X_i^{(A_{L-1}A_L)} - X_{i-1}^{(A_{L-1}A_L)} \\ &\quad + \sum_{j=1}^{i}\left[(-1)^j (T_{2,i-j+1}^{(A_{L-1})} - (L-2)t' - T_{1,i-j+1}^{(P)})\right]\end{aligned} \tag{5.63}$$

式中，$\sum_{j=1}^{i}\left[(-1)^j (T_{2,i-j+1}^{(A_{L-1})} - (L-2)t' - T_{1,i-j+1}^{(P)})\right]$为对节点 A_{L-1} 的补偿量。

为了使以上式子在表述上更为简化，令 $\Gamma_i \triangleq T_{2,i}^{(A_L)} - T_{1,i}^{(A_{L-1})} - \mu_i^{(A_{L-1})}$，其中 $\mu_i^{(A_{L-1})} \triangleq \sum_{j=1}^{i}\left[(-1)^j (T_{2,i-j+1}^{(A_{L-1})} - (L-2)t' - T_{1,i-j+1}^{(P)})\right]$表示节点 A_1 到节点 A_{L-1} 的补偿量。由于随机时延 $X_i^{(A_{L-1}A_L)}$ 和 $X_{i-1}^{(A_{L-1}A_L)}$ 可以分别看作是均值相同并服从高斯分布的随机变量，令 $w_i \triangleq X_i^{(A_{L-1}A_L)} - X_{i-1}^{(A_{L-1}A_L)}$，$\Lambda_i \triangleq T_{1,i}^{(A_{L-1})} - T_{2,i-1}^{(A_L)}$。因此，式(5.63)可以改写成如下形式：

$$\Gamma_i = \rho^{(A_{L-1}A_L)}\Lambda_i + w_i \quad (i = 1,2,\cdots,N) \tag{5.64}$$

式中，w_i 为高斯随机变量，$w_i \sim (0,\sigma^2)$。

5.3.4　多跳网络中的频偏估计方法

经过 N 个周期的同步交互后，可以得到一组与时间信息有关的观测值 $\{U_i, H_i\}_{i=1}^N$，基于此，式(5.64)可以改写成矩阵形式：

$$\boldsymbol{\Gamma} = \rho^{(A_{L-1}A_L)}\boldsymbol{\Lambda} + \boldsymbol{w} \tag{5.65}$$

式中，$\boldsymbol{\Gamma} = \begin{bmatrix}U_1 & U_2 & \cdots & U_N\end{bmatrix}^{\mathrm{T}}$；$\boldsymbol{w} = \begin{bmatrix}w_1 & w_2 & \cdots & w_N\end{bmatrix}^{\mathrm{T}}$；$\boldsymbol{\Lambda} = \begin{bmatrix}0 & H_2 & \cdots & H_N\end{bmatrix}^{\mathrm{T}}$。

由于观测矩阵 $\boldsymbol{\Lambda}$ 是已知的，由文献[65]中的定理 4.1 可知，节点 A_L 和节点 A_{L-1} 的相对频偏估计量以及其对应的克拉美罗下限(CRLB)分别为

$$\begin{aligned}\hat{\rho}^{(A_{L-1}A_L)} &= (\boldsymbol{\Lambda}^{\mathrm{T}}\boldsymbol{\Lambda})^{-1}\boldsymbol{\Lambda}^{\mathrm{T}}\boldsymbol{\Gamma} \\ &= \frac{\sum_{i=1}^{N}\left[\left(T_{1,i}^{(A_{L-1})} - T_{2,i-1}^{(A_L)}\right)\left(T_{2,i}^{(A_L)} - T_{1,i}^{(A_{L-1})} - \mu_i^{(A_{L-1})}\right)\right]}{\sum_{i=1}^{N}\left(T_{1,i}^{(A_{L-1})} - T_{2,i-1}^{(A_L)}\right)^2}\end{aligned} \tag{5.66}$$

$$\begin{aligned}\operatorname{var}(\hat{\rho}^{(A_{L-1}A_L)}) &\geqslant \sigma^2(\boldsymbol{\Lambda}^{\mathrm{T}}\boldsymbol{\Lambda})^{-1} \\ &= \frac{\sigma^2}{\sum_{i=1}^{N}\left(T_{1,i}^{(A_{L-1})} - T_{2,i-1}^{(A_L)}\right)^2}\end{aligned} \tag{5.67}$$

从式(5.66)和式(5.67)中可以发现，在固定时延 $d^{(A_{L-1}A_L)}$ 和校正时间 $T_{5,i}^{(A_L)}$ 均未知的情况下仍然可以估计出节点间的时钟频偏 $\hat{\rho}^{(A_{L-1}A_L)}$。

图 5.9 所示为时钟频偏估计器的均方误差(MSE)与时间同步次数之间的关系。从图中可以看出，在最开始的时候，节点间时钟频偏的 MSE 曲线要明显高于对应的 CRLB 曲线，但随着同步次数的增加，前者的曲线越来越接近 CRLB 曲线，这表明了估计器性能的有效性，即随着观测值的样本容量增大，估计值越来越精确。

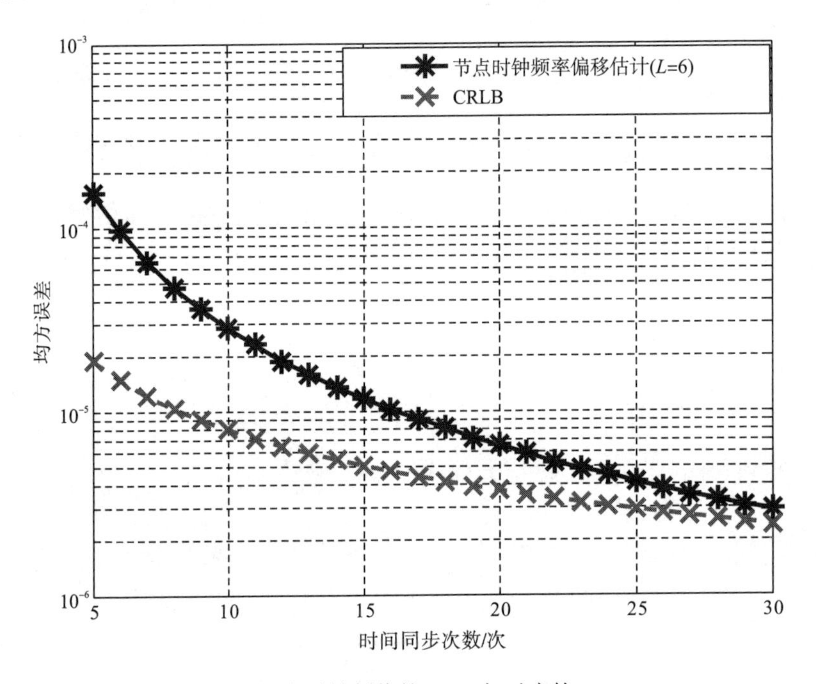

图 5.9 节点时钟频偏的 MSE 与对应的 CRLB

5.3.5 仿真验证

图 5.10 给出了在不同处理时间 $t=T_{1,i-j+1}^{(A_x)}-T_{2,i-j+1}^{(A_x)}$ 下，时钟频偏估计器的 MSE 与时间同步次数之间的关系。由图可知，针对三种不同的处理时间(0.1ms、1ms 和 10ms)，时钟频偏估计器 MSE 的性能近乎相同。这表明，针对本节的时钟频偏估计器，节点的处理时间对时钟同步的精度影响较小。

图 5.11 所示为在不同预设时钟频偏真值下，时钟频偏估计器的 MSE 与时间同步次数之间的关系。从图中可以看出，随着同步次数的增加，三种情况下的曲线均会越来越接近 CRLB 曲线，这表明了估计器性能的有效性。同时，随着预设的时钟频偏真值越来越大，估计器的性能会出现下降的趋势。这是由于随着时间的推移，节点的时间频率偏差会导致一个累积的时钟误差，时间频率偏差越大，最终导致的累积误差也越大。

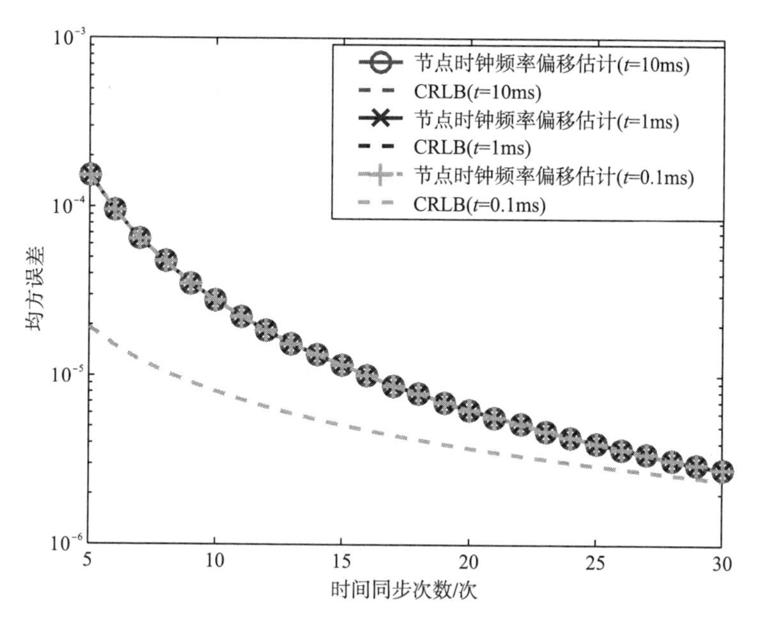

图 5.10 不同处理时间下节点时钟频偏估计器的性能对比

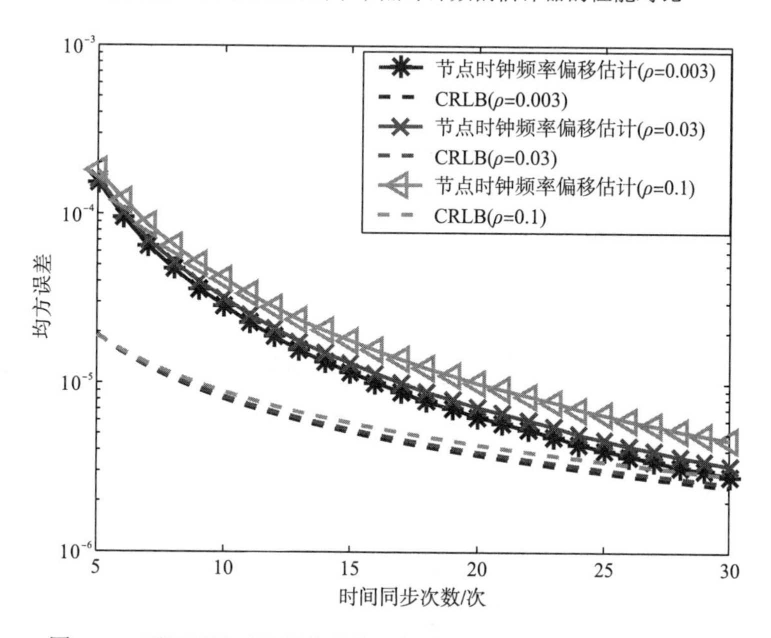

图 5.11 不同预设时钟频偏真值下节点时钟频偏估计器的性能对比

图 5.12 给出了在不同的再同步周期 (T_1) 下，时钟频偏估计器的 MSE 与时间同步次数之间的关系，其中 t =24s。从图中可以看出，在三种不同的再同步周期下，时钟频偏估计器的性能近乎相同。这表明，针对本节的时钟频偏估计器，再同步周期对时钟同步的精度影响较小。

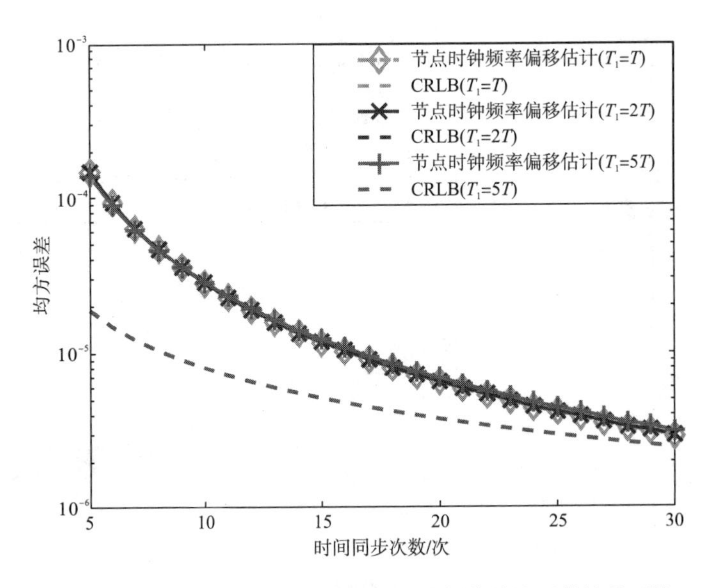

图 5.12 不同再同步周期下的节点时钟频偏估计器的性能对比

如图 5.13 所示为在不同的时钟相偏(θ)下，时钟频偏估计器的 MSE 与时间同步次数之间的关系。从图中可知，随着同步次数的增加，三种情况下的曲线均会越来越接近 CRLB 曲线，这表明了估计器性能的有效性。同时，随着时钟相偏的增大，对应的估计器性能会出现下降的趋势。这是因为当节点间的时钟相偏过大时，会影响频偏估计算法的效果。时间相偏越大，最终导致估计算法的误差也越大。

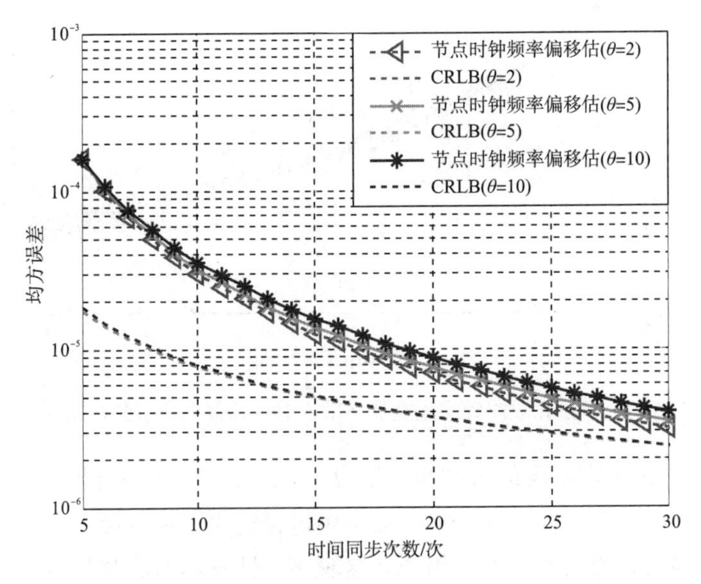

图 5.13 不同时钟相偏下的节点时钟频偏估计器的性能对比

5.3.6 通信开销对比分析

通信开销是工业物联网需要考虑的重要因素之一。以完成时间同步所需的数据包的个数作为衡量所提方法的能量消耗的依据，将本节的同步方案与现有时间同步机制进行对比。

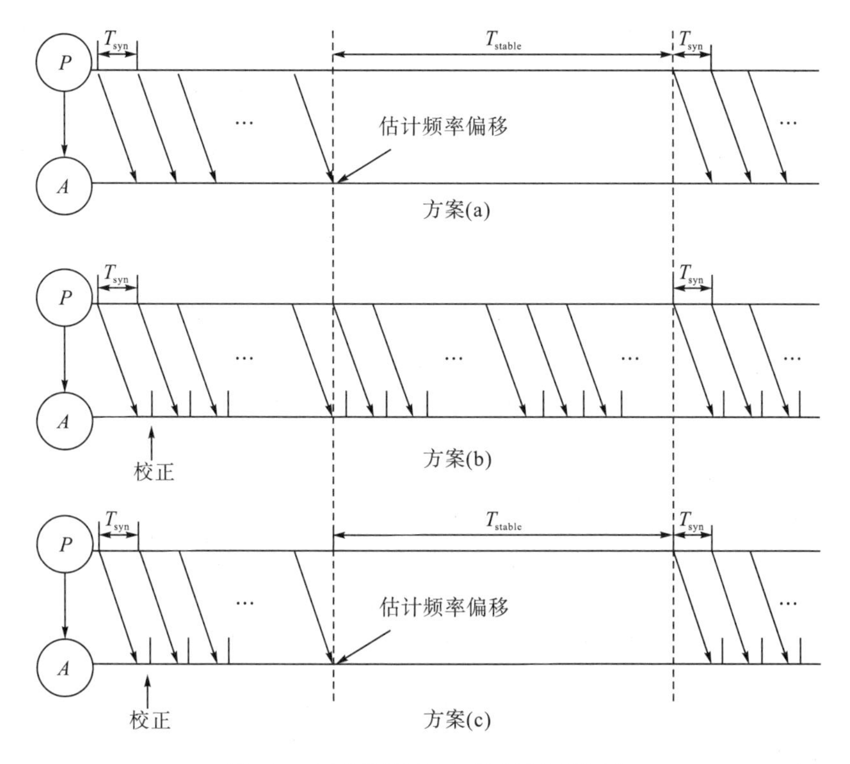

图 5.14 工业物联网中三种时间同步方案

图 5.14 给出了工业物联网中三种时间同步机制。节点 P 为时钟源节点，方案(a)中，经过多次交互后估计出时间参数；方案(b)中，节点在每次交互后均会立即校正本地时钟；本节的时间同步方法如方案(c)所示，节点每次交互后均会立即校正本地时钟，经过多次交互后估计出时钟参数。图 5-14，T_{syn} 表示时钟源节点 P 相邻两次发起同步的时间间隔。估计出节点时钟频偏后，一段时间内无须进行时间信息交互，直到节点时钟频偏由于环境因素(如：温度变化、气压变化等原因)发生变化。令 T_{stable} 表示从估计出节点时钟频偏开始，到下一次时间频率发生变化而再次进行时间信息交互的时间间隔。假定经过 N 次时间信息交互后估计出时钟频偏。

表 5.2 和图 5.15 给出了三种时间同步方案的通信开销对比。

表 5.2 时间同步机制通信开销对比

时间同步算法	同步所需的数据包的个数
方案(a)	NL
方案(b)	$\left(N+\dfrac{T_{\text{stable}}}{T_{\text{syn}}}\right)\times L$
方案(c)	NL

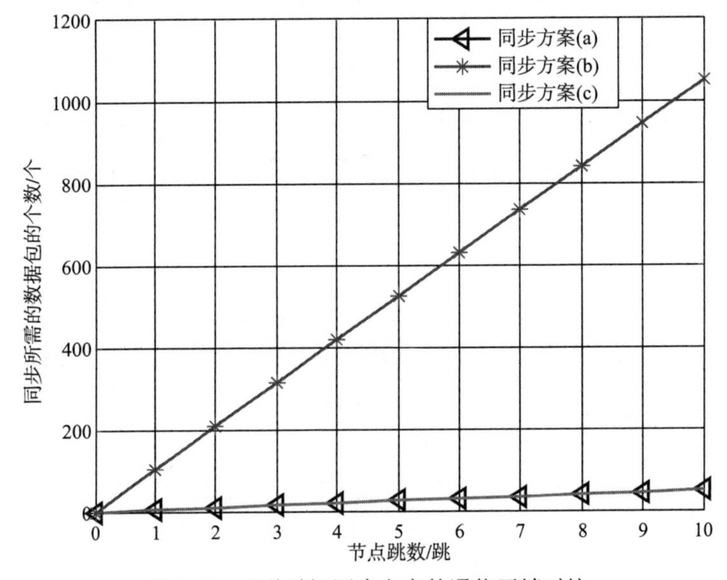

图 5.15 三种时间同步方案的通信开销对比

对于本节的同步方案(c)，所需的数据包的个数：$N_{\text{c}}=NL$，其中 L 表示待同步节点所在的层数。

对于方案(b)，由于节点不估计时钟频偏参数，需要持续地进行时间信息的交互。因此，所需的数据包的个数：$N_{\text{b}}=\left(N+\dfrac{T_{\text{stable}}}{T_{\text{syn}}}\right)\times L$。$T_{\text{stable}}$ 比 T_{syn} 大数百倍，所以有 $N_{\text{b}}\geqslant N_{\text{c}}$，说明方案(c)可以明显减少时间同步所需的通信开销。注意到，若采取更为精准的校正方法，T_{syn} 会增加，但是由于 $T_{\text{stable}}\geqslant T_{\text{syn}}$，方案(b)所需的通信开销仍要大于方案(c)的开销。

对于方案(a)，其在节点进行多次时间信息交互后也会估计时钟频偏，所需的通信开销与方案(c)类似。但是，由于节点在信息交互后并没有立即进行时钟校正，方案(a)无法维持参数估计过程中的时间精度。

综上所述，相较于方案(a)和方案(b)，方案(c)在减少时间同步通信开销的同时也能够维持参数估计过程中的时间精度。

第 6 章　免时间戳同步基础理论

传统的时间同步方法中，通用节点与时钟源节点间往往需要交互诸多的同步报文，以传递各节点自身的时间戳信息。在工业物联网中，传感器节点空间大多部署在处于无人监管的恶劣现场环境中，对可靠性、低功耗有较高要求，若采用交互时间戳的方式实现同步，将产生较大的时间同步通信开销，而网络中交互的时间戳也是一个潜在的攻击点，如何以较低的能量开销实现对时钟频率偏移的估计，从而消除随着时间推移由各节点的晶振频率偏差而形成的同步误差累积是工业物联网面临的一个难点。

本章介绍一种低功耗的免时间戳同步机制，它不需要交互时间戳，通过预定义接收方对发送方的响应时间间隔隐式地传递同步信息，避免了专用同步报文的传输，显著降低了同步能耗和通信开销。本章首先描述基于定时响应的免时间戳同步协议；其次根据同步过程建立通用节点的同步模型，采用最大似然估计方法对时钟频偏进行估计和推导 CRLB，通过仿真验证频偏估计器的有效性并进行通信开销分析，论证基于定时响应的免时间戳同步协议的低功耗、低开销特性；最后为了进一步降低能耗，将免时间戳同步和隐含同步结合，描述隐含节点监听同步信息的过程，建立隐含节点同步模型，推导时钟频偏的最大似然估计器和相应的 CRLB，同时，提出隐含节点的简化估计器，降低计算复杂度。

6.1　基于定时响应的免时间戳同步协议

考虑一个由时钟源节点 P 和通用节点 A 构成的简单工业物联网，节点 A 基于定时响应的免时间戳时间同步协议与节点 P 进行同步，具体通信过程如图 6.1 所示。在第 i 个通信周期，通用节点 A 在 $T_{1,i}^{(A)}$ 时刻发送一个普通数据包给时钟源节点 P，其中不包含时间戳信息。节点 P 在 $T_{2,i}^{(P)}$ 时刻接收到该数据包，接着等待预定义的响应时间 $\varDelta_i$，在 $T_{3,i}^{(P)}$ 时刻返回一个不含时间戳信息的确认帧。此时，节点 A 也按预定义的规则获取到该响应时间 $\varDelta_i$。随后，节点 A 接收到响应 ACK，并记录接收时间为 $T_{4,i}^{(A)}$。以上步骤重复进行 N 次，节点 A 获得了一系列观测数据 $\left\{T_{1,i}^{(A)},T_{4,i}^{(A)},\varDelta_i\right\}_{i=1}^{N}$，然后就可以根据获得的信息对时钟频偏进行估计。

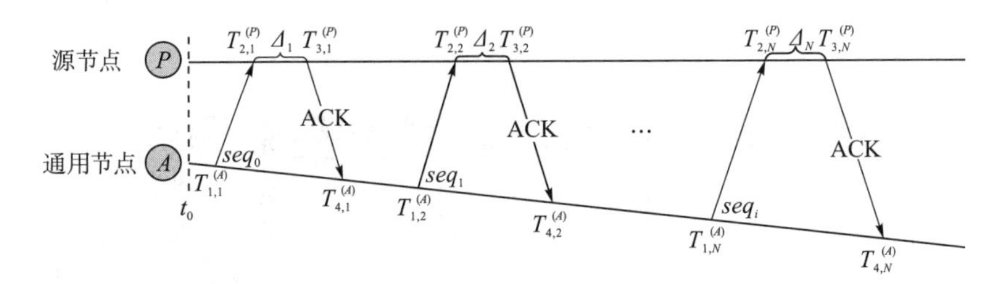

图 6.1 时钟源节点 P 与通用节点 A 基于定时响应的通信过程

工业物联网中，ISA100.11a 采用时隙的通信机制，且时隙内具体的动作可以由时隙模板进行详细的定义，因此节点 P 在接收到节点 A 发送的普通数据包后返回 ACK 的定时响应间隔时间可以很容易地被定义，把预定义的定时响应时间间隔缓存在节点的本地缓存中，节点便可按照该时隙模板进行通信，该同步方法易于集成到现有的工业物联网中。在工业物联网中，在数据链路层完成一次数据收发所需要的基本时间长度称为时隙，一个时隙内发送、接收数据包所需要的时间点集合称为时隙模板，时隙模板可以进一步规范时隙内的具体动作时刻。图 6.2 为 ISA100.11a 的默认时隙模板，系统管理员也可以在加入期间或之后定义附加的时隙模板。

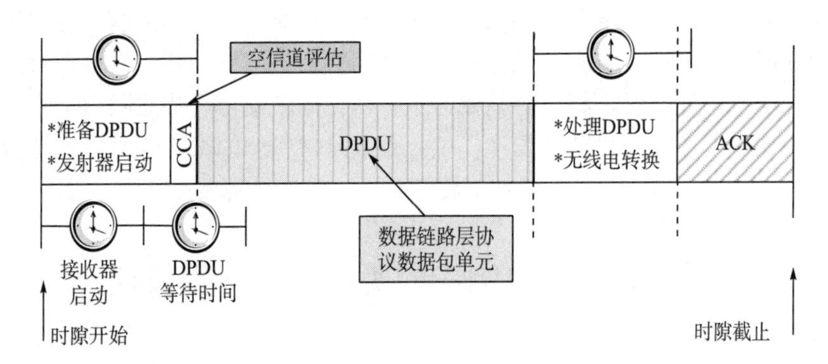

图 6.2 时隙模板

以 ISA100.11a 的时隙模板为例进行实现，定时响应的时间间隔可以很容易地由系统预定义，例如可根据节点 P 每周期接收到的数据包序列号 seq_i，映射出第 i 个同步周期的定时响应间隔时间。这里，采用数据包序列号 seq 对 n($n\geqslant 2$，且为整数)取模的方式求得每周期需要等待的定时响应时间，具体映射机制如下：

当序列号 $seq\%n=0$ 时，返回 ACK 的定时响应时间间隔为 Δ_1；

当序列号 $seq\%n=1$ 时，返回 ACK 的定时响应时间间隔为 Δ_2；

当序列号 $seq\%n=2$ 时，返回 ACK 的定时响应时间间隔为 Δ_3；

⋮

当序列号 $seq\%n = n-2$ 时，返回 ACK 的定时响应时间间隔为 $\varDelta_{n-1}$；

当序列号 $seq\%n = n-1$ 时，返回 ACK 的定时响应时间间隔为 $\varDelta_n$。

基于序列号映射的定时响应时间同步协议设计具有以下特点。

首先，在时钟频偏和固定时延的估计过程中，与现有的需要交互时间戳消息的时间同步方法相比，节点间不需要专用于时间同步的报文携带时间戳信息进行交互，将降低节点的同步开销，延长电池供电的传感器节点寿命；另外，时间戳是时间同步协议中潜在的攻击点，所以基于定时响应的时间同步方法将提高网络的可靠性和安全性。

其次，基于序列号映射的定时响应的时间同步方法采用普通数据包发送及确认帧的双向通信机制，现有的需要额外发送跟随数据包的免时间戳时间同步方法，其接收节点需要在两个不同的定时响应时间分别发送一个用于同步的数据包，但本章所提出的时间同步协议，将同步功能嵌入接收节点反馈确认帧的过程中，待同步节点在普通数据包的收发及确认的过程便可实现对时钟频偏、固定时延的估计，将进一步节省资源受限型的传感器节点的能量，满足工业物联网的低功耗、安全性的需求。

最后，基于定时响应的工业物联网时钟频偏估计方法以 ISA100.11a 时隙模板为例进行实现，该方法对 ISA100.11a 定义返回 ACK 的响应时间进行了扩展。接收节点根据接收到的数据包的不同序列号，采用序列号取模的策略使得定时响应时间间隔出现两个或两个以上的不同值。与需要在接收节点通过求响应时间与接收时间之和，以确定接收方返回数据包的响应时刻，隐式地传递收发双方的时间信息的免时间戳时间同步方法相比，以及与需要发送跟随数据包的免时间戳时间同步方法相比，该方法能够无缝地集成到具有时隙机制的现有工业物联网中，具有良好的实际意义。

6.2 通用节点免时间戳频偏估计

6.2.1 系统模型

假设 t_0 为整个网络的初始时刻，当节点 A 向节点 P 发送第一个数据包时，根据比值法定义的时钟模型[式(2.4)]，节点 P 接收到该数据包的时间可表示为

$$T_{2,1}^{(P)} = \rho^{(AP)} \times T_{1,1}^{(A)} + \theta_{t_0}^{(AP)} + \rho^{(AP)} \times (d^{(AP)} + X_1^{(AP)}) \tag{6.1}$$

若数据交互的第一个数据包序列号为 seq_0，且 seq_0 是 n 的整数倍，即 $seq_0\%n = 0$，间隔一定时间后，节点 P 响应一个 ACK 给节点 A，由数据包序列号和定时响应的时间间隔映射关系，可得第一个周期节点 P 返回 ACK 的定时响应时间为 $\varDelta_1$。

假设节点 P 反馈 ACK 的时间为$T_{3,1}^{(P)}$，则有

$$T_{3,1}^{(P)}=T_{2,1}^{(P)}+\Delta_1 \tag{6.2}$$

节点 P 反馈 ACK 的时间$T_{3,1}^{(P)}$和节点 A 接收到 ACK 的时间$T_{4,1}^{(A)}$满足：

$$T_{3,1}^{(P)}=\rho^{(AP)}\times T_{3,1}^{(P)}+\theta_{t_0}-\rho^{(AP)}\times\left(d^{(PA)}+X_1^{(PA)}\right) \tag{6.3}$$

固定时延由传输时间、传播时间、接收时间组成，其中传播时间取决于两节点间的距离，一般小于 1ms，通常忽略不计，传输时间和接收时间都与数据包的帧长成正相关，即固定时延和数据包的帧长成正相关，而下行链路的确认帧的长度小于上行链路的数据包长度。因此，为了使通信过程的数学模型更为精确，此处假设上行链路的固定时延$d^{(AP)}$和下行链路的固定时延$d^{(PA)}$相差一个固定的时间值 m，即$d^{(PA)}=d^{(AP)}-m$，这里 m 的大小与上下行链路的数据包的帧长度差成正比。同时，假设上下行链路的随机时延是均值为 0 的独立同分布的高斯随机变量。

同理，对于第二个同步周期，$T_{2,2}^{(P)}$可表示为

$$T_{2,2}^{(P)}=\rho^{(AP)}\times T_{1,2}^{(A)}+\theta_{t_0}+\rho^{(AP)}\times(d^{(AP)}+X_2^{(AP)}) \tag{6.4}$$

第二个周期的数据包序列号$seq_1\%n=1$，由映射关系，可以得到返回 ACK 的时间间隔为Δ_2。节点 A 反馈 ACK 的时间$T_{3,2}^{(P)}$为：$T_{3,2}^{(P)}=T_{2,2}^{(P)}+\Delta_2$。$T_{3,2}^{(P)}$与$T_{4,2}^{(A)}$满足关系：

$$T_{3,2}^{(P)}=\rho^{(AP)}\times T_{4,2}^{(A)}+\theta_{t_0}-\rho^{(AP)}\times\left(d^{(PA)}+X_2^{(PA)}\right) \tag{6.5}$$

以此类推，对第 i 个同步周期，节点 A 和节点 P 之间交互数据的时间戳可表示为

$$T_{2,i}^{(P)}=\rho^{(AP)}\times T_{1,i}^{(A)}+\theta_{t_0}+\rho^{(AP)}\times(d^{(AP)}+X_i^{(AP)}) \tag{6.6}$$

$$T_{3,i}^{(P)}=\rho^{(AP)}\times T_{4,i}^{(A)}+\theta_{t_0}-\rho^{(AP)}\times\left(d^{(PA)}+X_i^{(PA)}\right) \tag{6.7}$$

$$\Delta_i\in\left(\Delta_1,\Delta_2,\cdots,\Delta_N\right) \tag{6.8}$$

$$T_{3,i}^{(P)}=T_{2,i}^{(P)}+\Delta_i \tag{6.9}$$

用式(6.7)减式(6.6)，可以得到

$$T_{3,i}^{(P)}-T_{2,i}^{(P)}=\rho^{(AP)}\left[(T_{4,i}^{(A)}-T_{1,i}^{(A)})-\left(d^{(AP)}+d^{(PA)}\right)-(X_i^{(AP)}+X_i^{(PA)})\right] \tag{6.10}$$

由于$X_i^{(AP)}$和$X_i^{(PA)}$是均值为 0、方差为σ^2的独立同分布的高斯随机变量，若定义$Z_i\triangleq X_i^{(AP)}+X_i^{(PA)}$，则$Z_i$是一个均值为 0、方差为$2\sigma^2$的高斯随机变量，即$Z_i\sim N(0,2\sigma^2)$；上、下行链路固定时延相关，即$d^{(PA)}=d^{(AP)}-m$。为了使式(6.10)更为简化，可以令$\beta\triangleq 1/\rho^{(AP)}$，因此可以得到式(6.10)的简化时钟同步模型表达式：

$$\beta\left(T_{3,i}^{(P)}-T_{2,i}^{(P)}\right)=(T_{4,i}^{(A)}-T_{1,i}^{(A)})-2d^{(AP)}+m-Z_i \tag{6.11}$$

利用矩阵存入时间戳观测值 $T_{1,i}^{(A)}$ 、 $T_{4,i}^{(A)}$ 以及节点 P 的不同定时响应间隔时间 $T_{3,i}^{(P)}-T_{2,i}^{(P)}=\varDelta_i$ ，式(6.11)可以表达成矩阵形式：

$$\underbrace{\begin{bmatrix} T_{4,1}-T_{1,1}+m \\ T_{4,2}-T_{1,2}+m \\ \vdots \\ T_{4,N}-T_{1,N}+m \end{bmatrix}}_{\triangleq \boldsymbol{R}} = \underbrace{\begin{bmatrix} \varDelta_1 & 2 \\ \varDelta_2 & 2 \\ \vdots & \vdots \\ \varDelta_N & 2 \end{bmatrix}}_{\triangleq \boldsymbol{M}} \underbrace{\begin{bmatrix} \beta \\ d^{(AP)} \end{bmatrix}}_{\triangleq \boldsymbol{\Theta}} + \underbrace{\begin{bmatrix} Z_1 \\ Z_2 \\ \vdots \\ Z_N \end{bmatrix}}_{\triangleq \boldsymbol{Z}} \tag{6.12}$$

值得注意的是，在统计信号处理系统中，当待估计的参数个数为 p 个时，观测矩阵 $\boldsymbol{M}$ 的秩也应当为 p，才能同时估计出 p 个待估计参数。此处，从式(6.12)可以看出，待估计未知参数的个数为 2，而观测矩阵 $\boldsymbol{M}$ 的秩取决于 $\varDelta_i$ 。如果 $\varDelta_i=\varDelta_2=\cdots=\varDelta_N$ ，即每个周期的定时响应间隔时间 $T_{3,i}^{(P)}-T_{2,i}^{(P)}$ 相等，此时矩阵 $\boldsymbol{M}$ 的秩为 1，在参数估计过程中，$\boldsymbol{M}$ 不能提供满列秩，无法同时估计两个未知参数。因此，返回确认帧定时响应时间 $\{\varDelta_i\}_{i=1}^{N}$ 必须出现两个或两个以上的不同值时，才能使得观测矩阵 $\boldsymbol{M}$ 的秩 $p=2$，从而同时估计出两个未知参数。

6.2.2　通用节点同步参数估计

在式(6.12)中， Z_i 是一个均值为 0、方差为 $2\sigma^2$ 的高斯随机变量，即 $Z_i \sim N(0,2\sigma^2)$，可最大似然估计节点 A 相对于节点 P 的频偏 $\rho^{(AP)}$ 和数据包传输过程中存在的固定时延 $d^{(AP)}$ 。基于 N 个周期的数据包交互过程，节点 A 的观测数据 $\{T_{1,i}^{(A)},T_{4,i}^{(A)},\varDelta_i\}_{i=1}^{N}$，关于参数 $(\beta,d^{(AP)},\sigma^2)$ 的似然函数可以表示为

$$L(\beta,d^{(AP)},\sigma^2)=(2\pi\times 2\sigma^2)^{-\frac{N}{2}}\exp\left\{-\frac{1}{2\times 2\sigma^2}\sum_{i=1}^{N}\left[(T_{4,i}^{(A)}-T_{1,i}^{(A)})-\beta\Delta_i-2d^{(AP)}+m\right]^2\right\} \tag{6.13}$$

对式(6.13)两边同时取对数，可以推导出对数似然函数：

$$\ln L(\beta,d^{(AP)},\sigma^2)=-\frac{N}{2}\ln(4\pi\sigma^2)-\frac{1}{4\sigma^2}\sum_{i=1}^{N}\left[(T_{4,i}^{(A)}-T_{1,i}^{(A)})-\beta\varDelta_i-2d^{(AP)}+m\right]^2 \tag{6.14}$$

求对数似然函数[式(6.14)]关于 β 的一阶偏导数可得

$$\frac{\partial \ln L(\beta,d^{(AP)},\sigma^2)}{\partial\beta}=\frac{1}{2\sigma^2}\sum_{i=1}^{N}\left[(T_{4,i}^{(A)}-T_{1,i}^{(A)}-\beta\varDelta_i-2d^{(AP)}+m)\varDelta_i\right] \tag{6.15}$$

求对数似然函数[式(6.14)]关于 $d^{(AP)}$ 的一阶偏导数可得

$$\frac{\partial \ln L(\beta,d^{(AP)},\sigma^2)}{\partial d^{(AP)}}=\frac{1}{\sigma^2}\sum_{i=1}^{N}\left(T_{4,i}^{(A)}-T_{1,i}^{(A)}-\beta\varDelta_i-2d^{(AP)}+m\right) \tag{6.16}$$

将式(6.15)和式(6.16)置 0，并联立求解方程，可求得 β 和 $d^{(AP)}$ 的最大似然估计。具体地，时钟频偏 ρ 的最大似然估计为

$$\hat{\rho}=\frac{1}{\hat{\beta}}=\frac{N\sum_{i=1}^{N}\Delta_i^2-\left(\sum_{i=1}^{N}\Delta_i\right)^2}{N\sum_{i=1}^{N}\left[(T_{4,i}^{(A)}-T_{1,i}^{(A)})\Delta_i\right]-\sum_{i=1}^{N}\Delta_i\sum_{i=1}^{N}(T_{4,i}^{(A)}-T_{1,i}^{(A)})} \tag{6.17}$$

固定时延 d_1 的最大似然估计为

$$\hat{d}^{(AP)}=\frac{\sum_{i=1}^{N}\Delta_i^2\sum_{i=1}^{N}(T_{4,i}^{(A)}-T_{1,i}^{(A)})-\sum_{i=1}^{N}\Delta_i\sum_{i=1}^{N}\left[(T_{4,i}^{(A)}-T_{1,i}^{(A)})\Delta_i\right]}{2N\sum_{i=1}^{N}\Delta_i^2-2\left(\sum_{i=1}^{N}\Delta_i\right)^2} \tag{6.18}$$

此外，下行链路确认帧固定时延的最大似然估计为：$\hat{d}^{(PA)}=\hat{d}^{(AP)}-m$。

6.2.3 CRLB 分析

要确定参数矢量 $\boldsymbol{\theta}=[\beta,d^{(AP)}]^{\mathrm{T}}$ 的 CRLB，首先需要计算 2×2 阶费希尔信息矩阵 $\boldsymbol{I}(\boldsymbol{\theta})$：

$$\boldsymbol{I}(\boldsymbol{\theta})=\begin{bmatrix}-E\left[\dfrac{\partial^2\ln L(\beta,d^{(AP)},\sigma^2)}{\partial\beta^2}\right] & -E\left[\dfrac{\partial^2\ln L(\beta,d^{(AP)},\sigma^2)}{\partial\beta\partial d^{(AP)}}\right]\\ -E\left[\dfrac{\partial^2\ln L(\beta,d^{(AP)},\sigma^2)}{\partial\beta\partial d^{(AP)}}\right] & -E\left[\dfrac{\partial^2\ln L(\beta,d^{(AP)},\sigma^2)}{\partial {d^{(AP)}}^2}\right]\end{bmatrix} \tag{6.19}$$

具体地，式(6.14)关于 β 和 d_1 求二阶偏导数可得

$$\frac{\partial^2\ln L(\beta,d^{(AP)},\sigma^2)}{\partial\beta^2}=-\frac{1}{2\sigma^2}\sum_{i=1}^{N}\Delta_i^2 \tag{6.20}$$

$$\frac{\partial^2\ln L(\beta,d^{(AP)},\sigma^2)}{\partial\beta\partial d^{(AP)}}=-\frac{1}{\sigma^2}\sum_{i=1}^{N}\Delta_i \tag{6.21}$$

$$\frac{\partial^2\ln L(\beta,d^{(AP)},\sigma^2)}{\partial {d^{(AP)}}^2}=-\frac{1}{\sigma^2}2N \tag{6.22}$$

其次，对式(6.20)、式(6.21)、式(6.22)求期望并取负便可求得费希尔信息矩阵 $\boldsymbol{I}(\boldsymbol{\theta})$：

$$\boldsymbol{I}(\boldsymbol{\theta})=\begin{bmatrix}\dfrac{1}{2\sigma^2\beta^2}\sum_{i=1}^{N}[(T_{4,i}^{(A)}-T_{1,i}^{(A)}+m-2d^{(AP)})^2+2\sigma^2] & \dfrac{1}{\sigma^2\beta}\sum_{i=1}^{N}(T_{4,i}^{(A)}-T_{1,i}^{(A)}+m-2d^{(AP)})\\ \dfrac{1}{\sigma^2\beta}\sum_{i=1}^{N}(T_{4,i}^{(A)}-T_{1,i}^{(A)}+m-2d^{(AP)}) & \dfrac{2N}{\sigma^2}\end{bmatrix} \tag{6.23}$$

为了使费希尔信息矩阵的逆矩阵表达式更为简洁，利用定义 $Q\triangleq 2N\sum_{i=1}^{N}\left\{\left[(T_{4,i}^{(A)}-T_{1,i}^{(A)}+m-2d^{(AP)})^2+2\sigma^2\right]\right\}-2\left[\sum_{i=1}^{N}(T_{4,i}^{(A)}-T_{1,i}^{(A)}+m-2d^{(AP)})\right]^2$，其

逆矩阵 $\boldsymbol{I}^{-1}(\boldsymbol{\theta})$ 可以表示为

$$\boldsymbol{I}^{-1}(\boldsymbol{\theta})=\begin{bmatrix} \dfrac{4N\sigma^2\beta^2}{Q} & -\dfrac{2\sigma^2\beta\sum_{i=1}^{N}\left(T_{4,i}^{(A)}-T_{1,i}^{(A)}+m-2d^{(AP)}\right)}{Q} \\ -\dfrac{2\sigma^2\beta\sum_{i=1}^{N}\left(T_{4,i}^{(A)}-T_{1,i}^{(A)}+m-2d^{(AP)}\right)}{Q} & \dfrac{\sigma^2\sum_{i=1}^{N}\left[(T_{4,i}^{(A)}-T_{1,i}^{(A)}+m-2d^{(AP)})^2+2\sigma^2\right]}{Q} \end{bmatrix} \tag{6.24}$$

再次，由 CRLB 定理可知，费希尔信息矩阵的逆矩阵 $\boldsymbol{I}^{-1}(\boldsymbol{\theta})$ 的对角元素，就是相应参数的 CRLB。因此，由式(6.24)得到参数 β 和固定时延 $d^{(AP)}$ 所对应的 CRLB 分别为

$$\operatorname{var}(\hat{\beta})\geqslant\frac{4N\sigma^2\beta^2}{Q} \tag{6.25}$$

$$\operatorname{var}(\hat{d}^{(AP)})\geqslant\frac{\sigma^2\sum_{i=1}^{N}\left[(T_{4,i}^{(A)}-T_{1,i}^{(A)}+m-2d^{(AP)})^2+2\sigma^2\right]}{Q} \tag{6.26}$$

最后，由于 β 是待估计量频偏 $\rho^{(AP)}$ 的倒数，即 $\rho\triangleq 1/\beta$，根据参数变换，在已知 β 的 CRLB 时，可得 $\rho^{(AP)}=g(\beta)$ 的 CRLB。具体的变换公式如下：

$$\operatorname{var}(\hat{\rho}^{(AP)})\geqslant\left(\frac{\partial g}{\partial\beta}\right)^2\operatorname{var}(\hat{\beta}) \tag{6.27}$$

则时钟频偏 $\rho^{(AP)}$ 的 CRLB 为

$$\operatorname{var}(\hat{\rho}^{(AP)})\geqslant\left(-\frac{1}{\beta^2}\right)^2\operatorname{var}(\hat{\beta})=\frac{4N\sigma^2\rho^2}{Q} \tag{6.28}$$

6.2.4　仿真验证

当高斯分布的上下行链路随机时延的标准差取 $\sigma=0.1$，节点间的预设时钟频偏 $\rho=1.003$ 时，分别讨论 n 取 2 和 3 时估计器的性能。

图 6.3 所示为当 n 取 2 时，通用节点 A 时钟频偏估计量的均方误差以及相应的克拉美罗下限。从图中可以看出，基于定时响应的工业物联网时间同步方法渐近有效，即该时钟频偏估计器的 MSE 随着同步次数的增加而减小，即估计精度随着同步次数的增加而提高。此外，时钟频偏估计量的 MSE 与其 CRLB 基本重合，估计器性能接近最优。

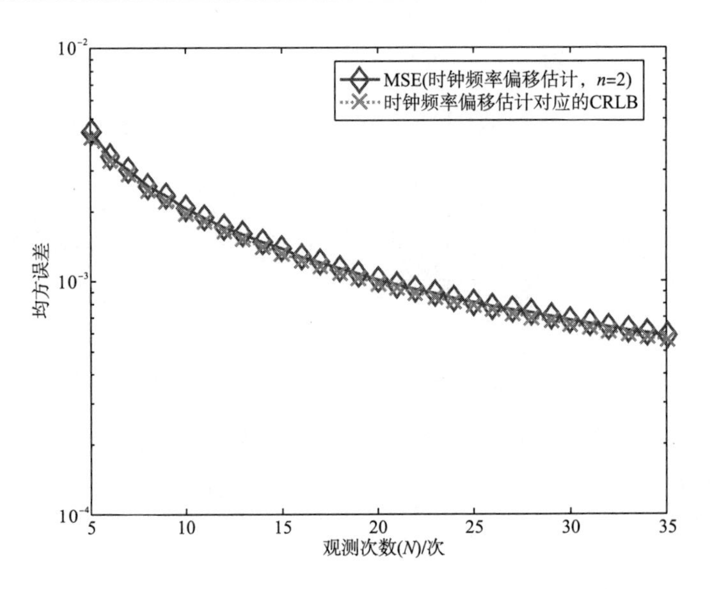

图 6.3　节点时钟频偏的 MSE 与对应的 CRLB（n=2）

图 6.4 所示为当 n 取 3 时，通用节点 A 时钟频偏估计量的均方误差以及相应的克拉美罗下限，其中 $\sigma = 0.1$ 。同样地，在图中时钟频偏估计量的 MSE 与其 CRLB 基本重合，并且随着观测次数的增加不断减小，表明此时节点 A 的时钟频偏估计器仍然有效，并且性能达到最优。对比图 6.3 和图 6.4，发现 n 的增加会导致频偏估计器性能的提高，这说明在数据交互过程中，节点 P 的响应时间间隔 Δ_i 取不同值时 n 的增加有利于提高频偏估计的效果。

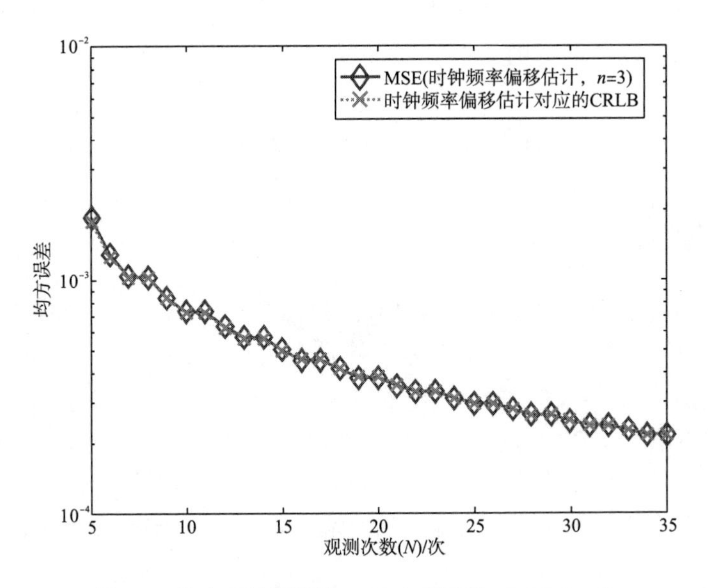

图 6.4　节点时钟频偏的 MSE 与对应的 CRLB（n=3）

当 $n=2$ 、 $\sigma=0.2$ 时，对不同的预设时钟频偏下的估计器性能进行仿真对比分析。图 6.5 为节点间的预设时钟频偏(skew)取不同值时，时钟频偏估计器的 MSE 及其相应的 CRLB 与同步次数之间的关系。由图 6.5 可得，随着同步次数的增加，三种情况下的 MSE 均降低，估计精度提高，从而验证了所提估计器的渐近有效性。同时，随着节点间的预设时钟频偏值的增加，时钟频偏估计器的性能呈现下降趋势。这是因为节点时钟间的频偏是导致时间同步误差累积的主要因素，而频偏越大，将会导致时间同步误差累积也会越大。

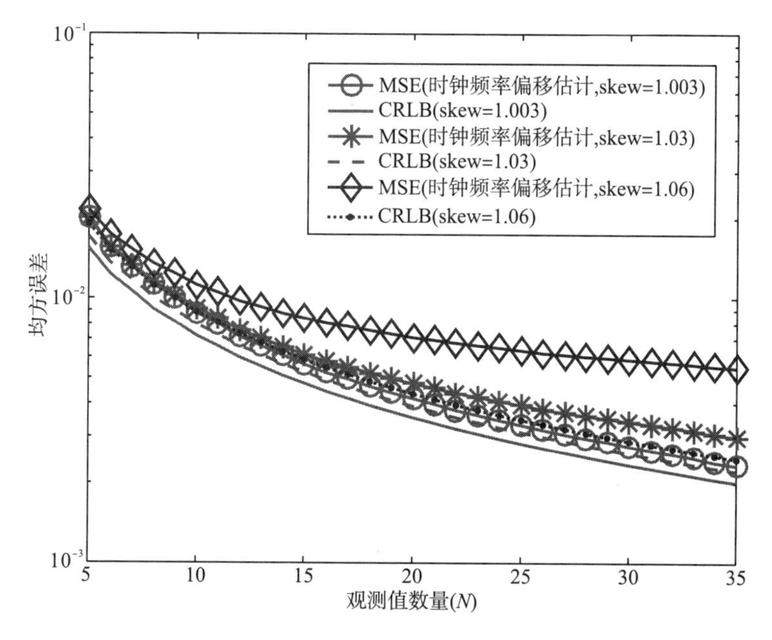

图 6.5　不同预设时钟频偏值下时钟频偏估计器的性能对比

6.2.5　通信开销分析

在低功耗、通信资源受限的工业物联网中，开销是节点实现时间同步需要考虑的重要问题，基于定时响应的免时间戳同步方法将更节省能量，因为该方法将同步功能嵌入到了普通数据包的周期性发送和确认过程中，在每轮的时间同步交互中，节点间只需要进行一个普通数据包和确认帧的收发。基于 IEEE 802.15.4 标准，对实现同步所需的具体通信开销对比分析如下。

首先，将基于定时响应免时间戳同步方案与经典双向时间同步方案[67]进行通信开销对比。在 IEEE 802.15.4 网络中，一个时间戳的长度通常为 4 字节，则可以得到同步请求报文和响应报文的字节数。同步请求报文的字节数为 $6_{\text{物理层头部}}+11_{\text{MAC层头部}}+1_{\text{命令类型}}+4_{\text{时间戳}}+2_{\text{帧校验序列}}=24$字节，同步响应报文的字节数为 $6_{\text{物理层头部}}+11_{\text{MAC层头部}}+1_{\text{命令类型}}+4_{\text{时间戳}}\times 3+2_{\text{帧校验序列}}=32$字节，所以双向时间同步方案在实现时间同步时，每轮交互过程所需要的专用同步报文的字节总数为 56 字节。但基于定时响应免时间戳同步方法，时间同步功能被嵌入到了普通数据包的收发和确认过程中，无须专门的时间同步报文，即所需的同步报文为 0 字节，节省了传输专用同步报文的通信开销。

然后，将基于定时响应免时间戳同步方案与跟随报文时间同步方案进行同步开销对比。在每次信息交互中，跟随报文时间同步方法除发送节点发送的一个普通数据包外，接收节点还需要在先后两个不同的定时响应时刻分别返回一个普通数据包。从 IEEE 802.15.4 标准中可获知，一个数据包的最大长度为 127 字节，确认帧的长度为 5 字节。因此，跟随报文的免时间戳时间同步方法一次同步交互所需的字节数为：$127_{\text{数据包}}\times 3=381$ 字节。基于定时响应的免时间戳同步方法，所需的字节数为：$127_{\text{数据包}}+5_{\text{确认帧}}=132$ 字节。假设 N 次交互后，进行时钟同步参数估计，后者能够减少 $(381-132)N=249N$ 字节的传输，将节省大量的同步开销，进一步减少工业物联网的能量开销。

6.3 隐含节点免时间戳频偏估计

PBS 协议所采用的隐含式同步方法，通过减少时间同步所需的同步消息数量，有效降低了整个网络的同步能量消耗。基于定时响应的免时间戳同步协议则是通过预定义接收方对发送方的响应时间间隔消除了时间戳的交互，将同步功能嵌入到现有的网络数据流当中，避免了额外的能耗开销。本节将基于定时响应的免时间戳同步机制扩展应用到隐含同步场景，使得隐含节点在监听通用节点与时钟源节点的免时间戳交互时，仍然能够估计出相对于时钟源节点的时钟频偏参数，进一步降低节点同步所需的能量消耗。

6.3.1 系统模型

在一个由多个节点组成的工业物联网中，通用节点 A 与时钟源节点 P 之间免时间戳同步通信，位于节点 P 和节点 A 重叠通信区域内的隐含节点 B 能够监听到两节点之间传输的数据。具体通信过程如图 6.6 所示，在第 i 个交互周期中，通用节点 A 在 $T_{1,i}^{(A)}$ 时刻向时钟源节点 P 发送普通数据包的同时，隐含节点 B 利用无线媒介的广播特性也监听到该数据包，并记录下数据包到达的本地时刻 $T_{2,i}^{(B)}$；时钟源节点 P 在成功接收到通用节点 A 发送的数据包后严格执行等待操作，等待时间间隔为 $\varDelta_i$，且其他所有节点都能按预定义的规则获取到该响应时间 $\varDelta_i$；等待结束后，时钟源节点 P 回复一个确认帧给通用节点 A，与此同时，隐含节点 B 也监听到该确认帧，并记录下本地时间 $T_{4,i}^{(B)}$。

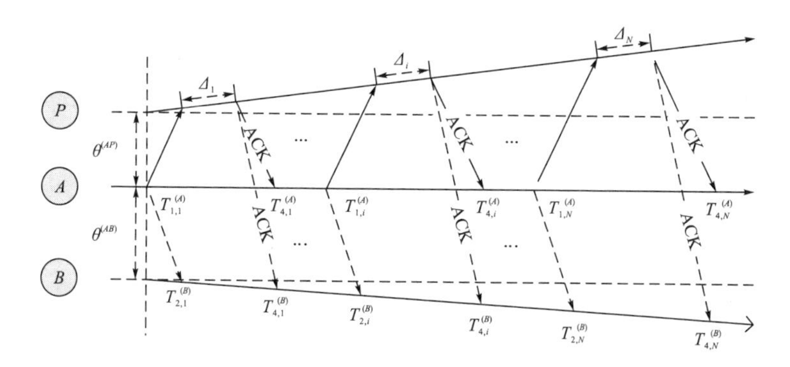

图 6.6　隐含节点 B 的免时间戳交互模型

上述免时间戳通信交互过程重复 N 个周期后，隐含节点 B 在本地记录下一系列时间观测值 $\left\{T_{2,i}^{(B)}, T_{4,i}^{(B)}, \Delta_i\right\}_{i=1}^{N}$。至此，隐含节点 B 就可根据本地记录的时间值估计相对于时钟源节点 P 的时钟频偏。

基于差值法定义的时钟模型[式(2.5)]中，隐含节点 B 监听节点 A 和时钟源节点 P 之间免时间戳交互过程中的时间戳可表示为

$$T_{2,i}^{(P)} = T_{1,i}^{(A)} + d^{(AP)} + X_i^{(AP)} + \rho^{(AP)}\left(T_{1,i}^{(A)} - T_{1,1}^{(A)} + d^{(AP)} + X_i^{(AP)}\right) + \theta^{(AP)} \tag{6.29}$$

$$T_{2,i}^{(B)} = T_{1,i}^{(A)} + d^{(AB)} + X_i^{(AB)} + \rho^{(AB)}\left(T_{1,i}^{(A)} - T_{1,1}^{(A)} + d^{(AB)} + X_i^{(AB)}\right) + \theta^{(AB)} \tag{6.30}$$

$$T_{3,i}^{(P)} = T_{4,i}^{(B)} - d^{(PB)} - X_i^{(PB)} + \rho^{(PB)}\left(T_{4,i}^{(B)} - T_{1,1}^{(B)} - d^{(PB)} - X_i^{(PB)}\right) + \theta^{(PB)} \tag{6.31}$$

在实际的工业物联网中，传感器节点间的时钟晶振频率偏差相对较小，这意味着节点 A、节点 P 和节点 B 之间的时钟频偏 $\rho^{(AP)}$、$\rho^{(AB)}$ 和 $\rho^{(PB)}$ 的值很小（$\rho^{(AP)} \approx 0$、$\rho^{(AB)} \approx 0$、$\rho^{(PB)} \approx 0$），因此频偏对数据包在链路传输过程中产生的累积影响也十分有限，即 $\rho^{(AP)}\left(d + X_i^{(AP)}\right)$、$\rho^{(AB)}\left(d + X_i^{(AB)}\right)$ 和 $\rho^{(PB)}\left(d + X_i^{(PB)}\right)$ 的值也很小。如图 6.6 所示，隐含节点的时钟频偏估计涉及三个节点，估计过程相对较复杂。为简化隐含节点频偏估计模型推导，在模型建立时忽略了数据包在链路传输过程中由于频偏而产生的额外累积误差，三个节点之间的时钟关系可重新写成如下形式：

$$T_{2,i}^{(P)} = T_{1,i}^{(A)} + d^{(AP)} + X_i^{(AP)} + \rho^{(AP)}\left(T_{1,i}^{(A)} - T_{1,1}^{(A)}\right) + \theta^{(AP)} \tag{6.32}$$

$$T_{2,i}^{(B)} = T_{1,i}^{(A)} + d^{(AB)} + X_i^{(AB)} + \rho^{(AB)}\left(T_{1,i}^{(A)} - T_{1,1}^{(A)}\right) + \theta^{(AB)} \tag{6.33}$$

$$T_{3,i}^{(P)} = T_{4,i}^{(B)} - d^{(PB)} - X_i^{(PB)} + \rho^{(PB)}\left(T_{4,i}^{(B)} - T_{1,1}^{(B)}\right) + \theta^{(PB)} \tag{6.34}$$

此处，假设随机时延 $X_i^{(AP)}$、$X_i^{(AB)}$ 和 $X_i^{(PB)}$ 均相互独立，且服从均值为 0、方差为 σ^2 的高斯分布，固定时延 $d^{(AP)}$、$d^{(AB)}$ 和 $d^{(PB)}$ 是未知的常数。

式(6.32)减去式(6.33)后，再减去式(6.34)，得到隐含节点 B 的时钟频偏估计模型如下：

$$T_{4,i}^{(B)}-T_{2,i}^{(B)}-\Delta_i=\left(\rho^{(AP)}-\rho^{(AB)}\right)\left(T_{1,i}^{(A)}-T_{1,1}^{(A)}\right)-\rho^{(BP)}\left(T_{4,i}^{(B)}-T_{1,1}^{(B)}\right)+\theta'+d'+z_i \tag{6.35}$$

式中，$\theta'=\theta^{(AP)}-\theta^{(AB)}-\theta^{(BP)}$，$d'=d^{(AP)}-d^{(AB)}+d^{(PB)}$，$z_i=X_i^{(AP)}-X_i^{(AB)}+X_i^{(PB)}$。由于独立同分布的高斯随机变量相加减仍服从高斯分布，容易得知累积随机时延 z_i 也服从高斯分布，即 $z_i\sim N(0,3\sigma^2)$。

显然，式(6.35)中包含 $\rho^{(AP)}$、$\rho^{(AB)}$ 和 $\rho^{(BP)}$ 三个未知的时钟频偏参数。然而对于隐含节点 B 的频偏估计而言，参数 $\rho^{(AP)}$ 是无用的。实际上，通用节点 A、源节点 P 及隐含节点 B 之间的相对时钟频偏存在内在联系。参照节点 A 与节点 P 之间时钟频偏的定义 $\left(\rho^{(AP)}=\dfrac{f_P}{f_A}-1\right)$，容易推导出三个节点间的相对时钟频偏参数满足：

$$1+\rho^{(BP)}=\frac{1+\rho^{(AP)}}{1+\rho^{(AB)}} \tag{6.36}$$

因此，通过等式代换，式(6.35)可被改写为

$$T_{4,i}^{(B)}-T_{2,i}^{(B)}-\Delta_i=\rho^{(BP)}\left(1+\rho^{(AB)}\right)\left(T_{1,i}^{(A)}-T_{1,1}^{(A)}\right)-\rho^{(BP)}\left(T_{4,i}^{(B)}-T_{1,1}^{(B)}\right)+\theta'+d'+z_i \tag{6.37}$$

注意到，式(6.37)中还包含通用节点 A 的本地时间戳 $T_{1,i}^{(A)}$。由于在免时间戳同步机制中，节点间并不交换时间戳，所以隐含节点 B 无法直接获取通用节点 A 记录的时间戳 $\left\{T_{1,i}^{(A)}\right\}_{i=1}^{N}$。假设从节点 S 以周期 T 发送数据包，且起始时间 $T_{1,1}^{(A)}=0$，则隐含节点 B 可以间接计算得到 $T_{1,i}^{(A)}=(i-1)T$。此外，尽管隐含节点 B 的初始参考时间 $T_{1,1}^{(B)}$ 的取值并不影响频偏估计器推导结果，但为了计算方便，这里还是假设 $T_{1,1}^{(B)}=0$。

6.3.2 隐含节点同步参数估计

在频偏估计模型[式(6.37)]中，除相对时钟频偏参数 $\rho^{(BP)}$ 和 $\rho^{(AB)}$ 外，还有两个额外未知参数，即累积相偏 θ' 和累积固定时延 d'。然而这两个额外未知参数无须估计，也不可能同时被估计出来。因此，为减少未知参数个数，可将 θ' 和 d' 视为一个整体。定义 $\eta\triangleq\theta'+d'$，$q_i\triangleq T_{4,i}^{(B)}-T_{2,i}^{(B)}-\Delta_i$，则隐含节点 B 的频偏估计模型可进一步简化为

$$q_i=\rho^{(BP)}\left(1+\rho^{(AB)}\right)T_{1,i}^{(A)}-\rho^{(BP)}T_{4,i}^{(B)}+\eta+z_i \tag{6.38}$$

根据隐含节点 B 所获取的时间值序列，可将式(6.38)写成矩阵形式：

$$\underbrace{\begin{bmatrix}q_1\\ \vdots\\ q_N\end{bmatrix}}_{\triangleq \boldsymbol{Q}}-\eta\cdot\boldsymbol{1}=\underbrace{\begin{bmatrix}T_{1,1}^{(A)} & -T_{4,1}^{(B)}\\ \vdots & \vdots\\ T_{1,N}^{(A)} & -T_{4,N}^{(B)}\end{bmatrix}}_{\triangleq \boldsymbol{R}}\underbrace{\begin{bmatrix}\phi_1\\ \phi_2\end{bmatrix}}_{\triangleq \boldsymbol{\Theta}}+\underbrace{\begin{bmatrix}z_1\\ \vdots\\ z_N\end{bmatrix}}_{\triangleq \boldsymbol{Z}} \tag{6.39}$$

式中，$\phi_1 \triangleq \rho^{(BP)}\left(1+\rho^{(AB)}\right)$；$\phi_2 \triangleq \rho^{(BP)}$。

根据式(6.39)可推导出关于参数(ϕ_1,ϕ_2,η)的对数似然函数：

$$\ln L(\phi_1,\phi_2,\eta) = -\frac{N}{2}\ln(6\pi\sigma^2) - \frac{\left\|\boldsymbol{Q}-\eta\cdot\boldsymbol{1}-\boldsymbol{R\Theta}\right\|^2}{6\sigma^2} \tag{6.40}$$

假设参数η固定，由文献[65]中的定理 4.1 可知，矢量参数$\boldsymbol{\Theta}$的最大似然估计为

$$\hat{\boldsymbol{\Theta}}(\eta) = \left(\boldsymbol{R}^{\mathrm{H}}\boldsymbol{R}\right)^{-1}\boldsymbol{R}^{\mathrm{H}}\left(\boldsymbol{Q}-\eta\cdot\boldsymbol{1}\right) \tag{6.41}$$

将式(6.41)代入式(6.40)中，在消除无关常量后，可得到

$$\begin{aligned} f(\eta) &= \left\|\boldsymbol{Q}-\eta\cdot\boldsymbol{1}-\boldsymbol{R}\left(\boldsymbol{R}^{\mathrm{H}}\boldsymbol{R}\right)^{-1}\boldsymbol{R}^{\mathrm{H}}\left(\boldsymbol{Q}-\eta\cdot\boldsymbol{1}\right)\right\|^2 \\ &= \left\|\left[\boldsymbol{I}_N-\boldsymbol{R}(\boldsymbol{R}^{\mathrm{H}}\boldsymbol{R})^{-1}\boldsymbol{R}^{\mathrm{H}}\right]\left(\boldsymbol{Q}-\eta\cdot\boldsymbol{1}\right)\right\|^2 \end{aligned} \tag{6.42}$$

令$\boldsymbol{M} = \boldsymbol{I}_N - \boldsymbol{R}\left(\boldsymbol{R}^{\mathrm{H}}\boldsymbol{R}\right)^{-1}\boldsymbol{R}^{\mathrm{H}}$，则式(6.42)可写成

$$\begin{aligned} f(\eta) &= \left\|\boldsymbol{M}\left(\boldsymbol{Q}-\eta\cdot\boldsymbol{1}\right)\right\|^2 \\ &= \left[\boldsymbol{M}\left(\boldsymbol{Q}-\eta\cdot\boldsymbol{1}\right)\right]^{\mathrm{H}}\left[\boldsymbol{M}\left(\boldsymbol{Q}-\eta\cdot\boldsymbol{1}\right)\right] \\ &= \left(\boldsymbol{MQ}\right)^{\mathrm{H}}\boldsymbol{MQ} - \left(\boldsymbol{MQ}\right)^{\mathrm{H}}\boldsymbol{M}\eta\cdot\boldsymbol{1} - \left(\boldsymbol{M}\eta\cdot\boldsymbol{1}\right)^{\mathrm{H}}\boldsymbol{MQ} + \left(\boldsymbol{M}\eta\cdot\boldsymbol{1}\right)^{\mathrm{H}}\boldsymbol{M}\eta\cdot\boldsymbol{1} \end{aligned} \tag{6.43}$$

将$f(\eta)$对η求导，得到

$$\frac{\partial f(\eta)}{\partial\eta} = -\left(\boldsymbol{MQ}\right)^{\mathrm{H}}\boldsymbol{M1} - \left(\boldsymbol{M1}\right)^{\mathrm{H}}\boldsymbol{MQ} + 2\eta\cdot\left(\boldsymbol{M1}\right)^{\mathrm{H}}\boldsymbol{M1} \tag{6.44}$$

由于$\boldsymbol{M}^{\mathrm{H}}\boldsymbol{M} = \boldsymbol{M}$，那么

$$\frac{\partial f(\eta)}{\partial\eta} = -\boldsymbol{1}^{\mathrm{H}}\boldsymbol{MQ} - \boldsymbol{Q}^{\mathrm{H}}\boldsymbol{M1} + 2\eta\cdot\boldsymbol{1}^{\mathrm{H}}\boldsymbol{M1} \tag{6.45}$$

从式(6.45)中容易推导出估计结果$\hat{\eta}$为

$$\hat{\eta} = \frac{\boldsymbol{1}^{\mathrm{H}}\boldsymbol{MQ} + \boldsymbol{Q}^{\mathrm{H}}\boldsymbol{M1}}{2\cdot\boldsymbol{1}^{\mathrm{H}}\boldsymbol{M1}} \tag{6.46}$$

将估计量$\hat{\eta}$重新代入式(6.41)中，就得到矢量参数$\boldsymbol{\Theta}$的最大似然估计结果$\hat{\boldsymbol{\Theta}}(\hat{\eta})$。因此，时钟频偏参数$\rho^{(AB)}$和$\rho^{(BP)}$的最大似然估计量分别为

$$\hat{\rho}^{(AB)} = \frac{\left[\hat{\boldsymbol{\Theta}}(\hat{\eta})\right]_1}{\left[\hat{\boldsymbol{\Theta}}(\hat{\eta})\right]_2} - 1 \tag{6.47}$$

$$\hat{\rho}^{(BP)} = \left[\hat{\boldsymbol{\Theta}}(\hat{\eta})\right]_2 \tag{6.48}$$

式中，$\left[\boldsymbol{X}\right]_k$为矢量$\boldsymbol{X}$的第$k$个元素。

6.3.3 CRLB 分析

由于在式(6.38)中，η 被视为第三个参数，那么关于参数$(\rho^{(AB)},\rho^{(BP)},\eta)$的对数似然函数可表述为

$$\begin{aligned}\ln L(\rho^{(AB)},\rho^{(BP)},\eta)=&-\frac{N}{2}\ln\left(6\pi\sigma^2\right)\\&-\frac{1}{6\sigma^2}\sum_{i=1}^{N}\left[q_i-\eta-\rho^{(BP)}\left(1+\rho^{(AB)}\right)T_{1,i}^{(A)}+\rho^{(BP)}T_{4,i}^{(B)}\right]^2\end{aligned} \tag{6.49}$$

为求得矢量参数$\boldsymbol{\alpha}\triangleq\left[\rho^{(AB)}\quad\rho^{(BP)}\quad\eta\right]^{\mathrm{T}}$相应的 CRLB，首先须推导出 3×3 阶费希尔信息矩阵$\boldsymbol{I}(\boldsymbol{\alpha})$。式(6.49)分别对$\rho^{(AB)}$、$\rho^{(BP)}$和$\eta$求二阶偏导得

$$\frac{\partial^2\ln L}{\partial\rho^{(AB)^2}}=-\frac{1}{3\sigma^2}\sum_{i=1}^{N}\left(\rho^{(BP)}T_{1,i}^{(A)}\right)^2 \tag{6.50}$$

$$\frac{\partial^2\ln L}{\partial\rho^{(BP)^2}}=-\frac{1}{3\sigma^2}\sum_{i=1}^{N}\left[\left(1+\rho^{(AB)}\right)T_{1,i}^{(A)}-T_{4,i}^{(B)}\right]^2 \tag{6.51}$$

$$\frac{\partial^2\ln L}{\partial\eta^2}=-\frac{N}{3\sigma^2} \tag{6.52}$$

$$\begin{aligned}\frac{\partial^2\ln L}{\partial\rho^{(AB)}\partial\rho^{(BP)}}&=\frac{\partial^2\ln L}{\partial\rho^{(BP)}\partial\rho^{(AB)}}\\&=\frac{1}{3\sigma^2}\sum_{i=1}^{N}\left[q_iT_{1,i}^{(A)}-\eta T_{1,i}^{(A)}-2\rho^{(BP)}\left(1+\rho^{(AB)}\right)T_{1,i}^{(A)2}+2\rho^{(BP)}T_{1,i}^{(A)}T_{4,i}^{(B)}\right]\end{aligned} \tag{6.53}$$

$$\frac{\partial^2\ln L}{\partial\rho^{(AB)}\partial\eta}=\frac{\partial^2\ln L}{\partial\eta\partial\rho^{(AB)}}=-\frac{1}{3\sigma^2}\sum_{i=1}^{N}\left(\rho^{(BP)}T_{1,i}^{(A)}\right) \tag{6.54}$$

$$\frac{\partial^2\ln L}{\partial\rho^{(BP)}\partial\eta}=\frac{\partial^2\ln L}{\partial\eta\partial\rho^{(BP)}}=-\frac{1}{3\sigma^2}\sum_{i=1}^{N}\left[\left(1+\rho^{(AB)}\right)T_{1,i}^{(A)}-T_{4,i}^{(B)}\right] \tag{6.55}$$

进一步，对式(6.50)～式(6.55)求负的期望值便可得矢量$\boldsymbol{\alpha}\triangleq\left[\rho^{(AB)}\quad\rho^{(BP)}\quad\eta\right]^{\mathrm{T}}$的费希尔信息矩阵$\boldsymbol{I}(\boldsymbol{\alpha})$：

$$\boldsymbol{I}(\boldsymbol{\alpha})=\begin{bmatrix}-E\left[\dfrac{\partial^2\ln L}{\partial\rho^{(AB)^2}}\right] & -E\left[\dfrac{\partial^2\ln L}{\partial\rho^{(AB)}\partial\rho^{(BP)}}\right] & -E\left[\dfrac{\partial^2\ln L}{\partial\rho^{(AB)}\partial\eta}\right]\\ -E\left[\dfrac{\partial^2\ln L}{\partial\rho^{(BP)}\partial\rho^{(AB)}}\right] & -E\left[\dfrac{\partial^2\ln L}{\partial\rho^{(BP)^2}}\right] & -E\left[\dfrac{\partial^2\ln L}{\partial\rho^{(BP)}\partial\eta}\right]\\ -E\left[\dfrac{\partial^2\ln L}{\partial\eta\partial\rho^{(AB)}}\right] & -E\left[\dfrac{\partial^2\ln L}{\partial\eta\partial\rho^{(BP)}}\right] & -E\left[\dfrac{\partial^2\ln L}{\partial\eta^2}\right]\end{bmatrix} \tag{6.56}$$

$$=\begin{bmatrix}[I]_{11} & [I]_{12} & [I]_{13} \\ [I]_{21} & [I]_{22} & [I]_{23} \\ [I]_{31} & [I]_{32} & \dfrac{N}{3\sigma^2}\end{bmatrix}$$

其中

$$[I]_{11}=\frac{1}{3\sigma^2}\sum_{i=1}^{N}\left(\rho^{(BP)}T_{1,i}^{(A)}\right)^2 \tag{6.57}$$

$$[I]_{22}=\frac{1}{3\sigma^2}\sum_{i=1}^{N}\left[\left(1+\rho^{(AB)}\right)T_{1,i}^{(A)}-T_{4,i}^{(B)}\right]^2 \tag{6.58}$$

$$[I]_{12}=[I]_{21}=\frac{1}{3\sigma^2}\sum_{i=1}^{N}\left[\rho^{(BP)}\left(1+\rho^{(AB)}\right)T_{1,i}^{(A)2}-\rho^{(BP)}T_{1,i}^{(A)}T_{4,i}^{(B)}\right] \tag{6.59}$$

$$[I]_{13}=[I]_{31}=\frac{1}{3\sigma^2}\sum_{i=1}^{N}\left(\rho^{(BP)}T_{1,i}^{(A)}\right) \tag{6.60}$$

$$[I]_{23}=[I]_{32}=\frac{1}{3\sigma^2}\sum_{i=1}^{N}\left[\left(1+\rho^{(AB)}\right)T_{1,i}^{(A)}-T_{4,i}^{(B)}\right] \tag{6.61}$$

通过对费希尔信息矩阵 $I(\boldsymbol{\alpha})$ 求逆，按公式 $\mathrm{var}(\hat{\alpha}_k)\geqslant[I^{-1}(\boldsymbol{\alpha})]_{kk}$ 可推导出隐含节点 F 的频偏估计量 $\hat{\rho}^{(AB)}$ 和 $\hat{\rho}^{(BP)}$ 相应的 CRLB，其中 $\left[\boldsymbol{X}\right]_{kk}$ 表示矢量 $\boldsymbol{X}$ 的第 $[k,k]$ 个元素。

6.3.4　隐含节点简化估计器

在最大似然估计法中，额外未知参数 θ' 和 d' 是被视为一个整体估计出来的。事实上，即使估计出这两个未知参数，估计结果对于隐含节点 B 的时间同步也是无用的。这两个额外未知参数反而增加了隐含节点频偏参数估计的复杂度。为消除未知参数 θ' 和 d' 的影响，简化频偏估计过程，可用 q_{i+1} 减去 q_i 得到

$$q_{i+1}-q_i=\rho^{(BP)}\left(1+\rho^{(AB)}\right)\left(T_{1,i+1}^{(A)}-T_{1,i}^{(A)}\right)-\rho^{(BP)}\left(T_{4,i+1}^{(B)}-T_{4,i}^{(B)}\right)+z_{i+1}-z_i \tag{6.62}$$

这样处理的另一个好处是，隐含节点 B 无须计算出通用节点 A 记录的时间戳 $\left\{T_{1,i}^{(A)}\right\}_{i=1}^{N}$ 的具体值，因为在式(6.62)中 $T_{1,i+1}^{(A)}-T_{1,i}^{(A)}$ 刚好等于通用节点 A 的通信周期 T。

根据隐含节点 B 本地获取的时间值序列，将式(6.62)写成矩阵形式如下：

$$\underbrace{\begin{bmatrix}q_2-q_1\\ q_3-q_2\\ \vdots\\ q_N-q_{N-1}\end{bmatrix}}_{\triangleq\boldsymbol{Q}'}=\underbrace{\begin{bmatrix}T & T_{4,1}^{(B)}-T_{4,2}^{(B)}\\ T & T_{4,2}^{(B)}-T_{4,3}^{(B)}\\ \vdots & \vdots\\ T & T_{4,N-1}^{(B)}-T_{4,N}^{(B)}\end{bmatrix}}_{\triangleq\boldsymbol{R}'}\underbrace{\begin{bmatrix}\phi_1\\ \phi_2\end{bmatrix}}_{\triangleq\boldsymbol{\Theta}}+\underbrace{\begin{bmatrix}y_1\\ y_2\\ \vdots\\ y_{N-1}\end{bmatrix}}_{\triangleq\boldsymbol{Y}} \tag{6.63}$$

式中，$y_j = z_{i+1} - z_i$，$j=1,2,\cdots,N-1$。由于z_i也是独立的高斯随机变量，很容易推导出$y_j \sim N(0,6\sigma^2)$。

由于式(6.63)中的模型是线性的，根据文献[65]中的定理4.1，可推导出

$$\hat{\boldsymbol{\Theta}} = \left(\boldsymbol{R}'^{\mathrm{H}}\boldsymbol{R}'\right)^{-1}\boldsymbol{R}'^{\mathrm{H}}\boldsymbol{Q}' \tag{6.64}$$

所以，隐含节点B相对于通用节点A和源节点P的时钟频偏$\varphi^{(AB)}$和$\varphi^{(BP)}$的估计结果分别为$\hat{\rho}^{(AB)} = \dfrac{\hat{\phi}_1}{\hat{\phi}_2} - 1$和$\hat{\rho}^{(BP)} = \hat{\phi}_2$。

6.3.5　仿真验证

图6.7所示为隐含节点B相对于源节点P的两种时钟频偏估计器$\hat{\theta}^{(BP)}$的MSE曲线及相应的CRLB。仿真结果表明，时钟频偏$\rho^{(BP)}$的最大似然估计器及简化估计器均渐进有效，其中最大似然估计器的性能最优，且随着样本观测值的增加而不断提高。此外，从图中还可以看出简化估计器的性能与最大似然估计器几乎一致，而其复杂度相较于最大似然估计器有着明显降低，这是因为简化估计算法无须估计出额外未知参数η，也不用计算出通用节点A本地记录的时间戳$\{T_{1,i}^{(A)}\}_{i=1}^{N}$的具体值。

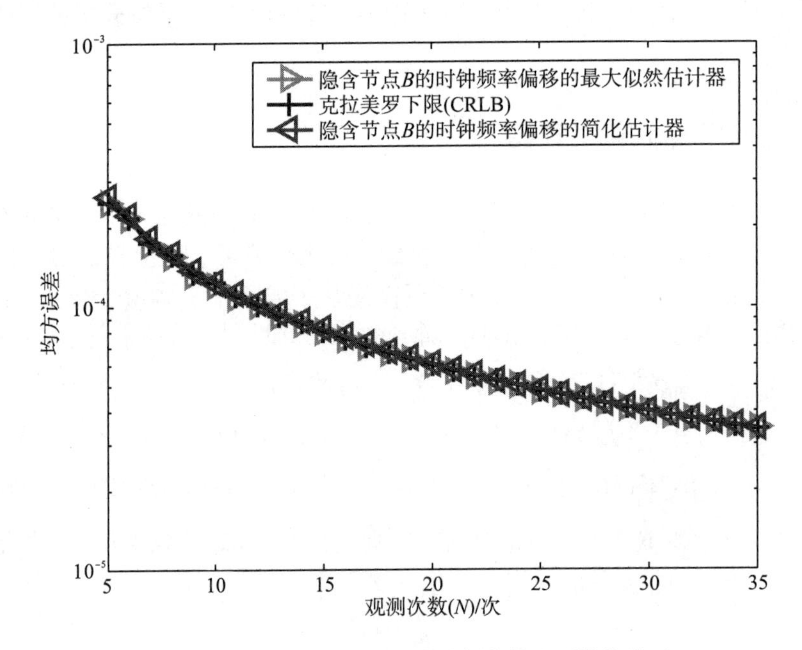

图6.7　隐含节点B的免时间戳频偏估计器性能验证

除了利用统计学最优标准来验证算法性能，进一步将隐含节点 B 的免时间戳频偏估计算法与通用节点 A 的免时间戳频偏估计算法进行对比，其中通用节点 A 的频偏估计器为式(6.17)。为了保证比较的公平性，在隐含节点与从节点的时钟频偏估计算法仿真中，将确认帧响应时间间隔 Δ_i 均设置为一致的。

如图 6.8 所示，隐含节点 B 的两种频偏估计器的性能与通用节点 A 的免时间戳频偏估计器的性能相差不大，估计精度基本处于同一数量级。之所以出现略微偏差，主要是由于在建立隐含节点 B 的参数估计模型时，忽略了无线信道传输过程中受时钟频偏影响而产生的累积误差。此外，隐含节点 B 记录的本地时间戳又会受到通用节点 A 和源节点 P 之间的时钟频偏和随机时延的影响。尽管在估计精度上有略微差距，但相较于通用节点 A 的免时间戳频偏估计算法，隐含节点 B 的免时间戳频偏估计算法在能量消耗上有明显优势。这是因为传感器节点的接收功率一般比发送功率更低，而隐含节点 B 只需进行监听就能执行频偏估计操作，无须发送任何数据包。

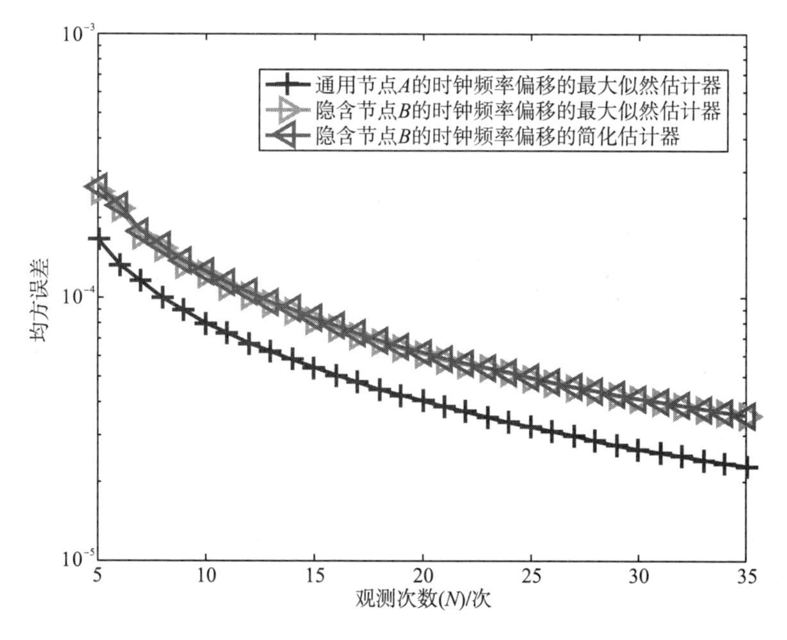

图 6.8　隐含节点 B 和通用节点 A 的免时间戳频偏估计器性能对比

与 PBS 等传统的隐含节点同步算法相比，隐含节点免时间戳频偏估计算法不依赖主从节点间的同步消息交换，整个参数估计过程无须传递任何时间戳，因此在能耗方面效率更高，同时也更容易实现。另外，与基于定时响应的免时间戳同步方法相比，隐含同步与免时间戳同步相结合的方案执行一次能够同步多个节点，而单独的免时间戳同步机制只能实现一个节点的同步，因此，从网络的整体能耗方面来看，两种机制结合的同步方法更具优势。

第 7 章　基于免时间戳同步和单向消息传播的混合同步方法

第 6 章介绍的基于定时响应的免时间戳同步协议只考虑了时钟频率偏移和数据包传递固定时延的获取，为进一步完善免时间戳同步机制的应用，本章对时钟频率偏移、固定时延和时钟相位偏移的联合估计问题展开具体研究。考虑到典型的单向消息传播同步方法很容易与广播机制并行执行，而免时间戳同步方法可以在网络数据流中隐式地获取同步信息，本章通过对免时间戳同步机制与单向消息传播机制进行联合设计，提出一种能与现有网络协议无缝集成的混合同步方法，并利用最大似然估计法估计出时钟频率偏移、固定时延和时钟相位偏移三个参数，同时推导出相应的 CRLB。最后，通过仿真验证该混合同步方法的有效性。

7.1　混合同步协议

7.1.1　单向消息传播机制

在单向消息传播机制中，一组节点通过记录参考节点周期性发送的同步报文到达时间，进而可以实现与参考时钟的同步。由于其中只有单向同步消息在传递，相较于双向消息交换和接收者-接收者同步更加节能。同时，该单向传递方式在广播机制中很容易实现，而不需要特定的网络协议来支撑。由于大多数工业物联网本身都具有广播机制，该单向同步机制可以无缝集成到现有网络中。在实际的工业物联网中，单向消息传播因其简单、高效、易于集成等优势得到了广泛应用。

单向消息传播模型如图 7.1 所示，时钟源节点 P 作为参考节点向通用节点 A 周期性地发送同步消息。以第 j 个通信周期为例，节点 P 在 $t_{1,j}^{(P)}$ 时刻向节点 A 发送一个同步报文，该同步报文包含节点 P 的发送时刻 $t_{1,j}^{(P)}$。节点 A 在成功接收后，记录下同步报文到达时刻 $t_{2,j}^{(A)}$。上述步骤执行 N 个周期后，通用节点 A 根据本地记录的时间戳 $\left\{t_{1,j}^{(P)}, t_{2,j}^{(A)}\right\}_{j=1}^{N}$ 就可实现与时钟源节点 P 的同步。

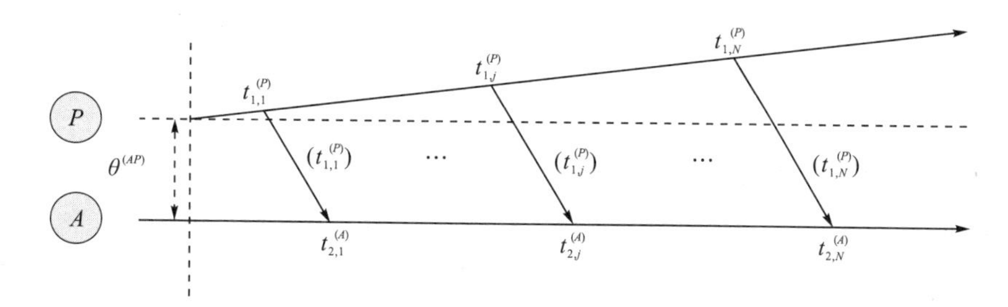

图 7.1　基于单向消息传播的同步模型

在差值法定义的时钟模型下，节点 P 与节点 A 之间的同步消息单向传递过程可用数学模型表示为

$$t_{1,j}^{(P)}=\left(1+\rho^{(AP)}\right)\left(t_{2,j}^{(A)}-d-X_j^{(PA)}\right)+\theta^{(AP)} \tag{7.1}$$

式中，$X_j^{(PA)}$ 为单向同步消息在链路传输过程中所经历的随机时延。

当忽略固定时延 d 时，采用最小二乘法很容易估计出节点 A 与节点 P 之间的时钟频偏 $\rho^{(AP)}$ 和时钟相偏 $\theta^{(AP)}$。这里假设 d 已知，利用最小二乘法推导出 $\rho^{(AP)}$ 和 $\theta^{(AP)}$ 的展开式如下：

$$\hat{\rho}^{(AP)}=\frac{N\sum_{j=1}^{N}\left(t_{1,j}^{(P)}\right)^2-\left(\sum_{j=1}^{N}t_{1,j}^{(P)}\right)^2}{N\sum_{j=1}^{N}\left(t_{1,j}^{(P)}t_{2,j}^{(A)}\right)-\sum_{j=1}^{N}t_{1,j}^{(P)}\sum_{j=1}^{N}t_{2,j}^{(A)}}-1 \tag{7.2}$$

$$\hat{\theta}^{(AP)}=\frac{\sum_{j=1}^{N}t_{1,j}^{(P)}\sum_{j=1}^{N}\left(t_{1,j}^{(P)}t_{2,j}^{(A)}\right)-\sum_{j=1}^{N}\left(t_{1,j}^{(P)}\right)^2\sum_{j=1}^{N}t_{2,j}^{(A)}+d\left[N\sum_{j=1}^{N}\left(t_{1,j}^{(P)}\right)^2-\left(\sum_{j=1}^{N}t_{1,j}^{(P)}\right)^2\right]}{N\sum_{j=1}^{N}\left(t_{1,j}^{(P)}t_{2,j}^{(A)}\right)-\sum_{j=1}^{N}t_{1,j}^{(P)}\sum_{j=1}^{N}t_{2,j}^{(A)}} \tag{7.3}$$

从式(7.3)中不难发现，时钟相偏估计量 $\hat{\theta}^{(AP)}$ 中包含固定时延 d。事实上，由于缺少列秩，时钟相偏 $\theta^{(AP)}$ 和固定时延 d 在只存在单向同步消息的条件下无法准确进行区分，这意味着时钟频偏 $\rho^{(AP)}$、固定时延 d 和时钟相偏 $\theta^{(AP)}$ 无法同时被估计出来。

针对该问题，目前最常用的解决方案是假设固定时延 d 可被忽略，但这会造成时钟相偏估计精度的降低，因为数据包传递固定时延通常是不可忽略的，尤其是在高时延网络中，例如，水声传感器网络。另一种处理方式是测量出固定时延，然而测量操作又会带来额外能量开销，从整体上看并不划算。此外，在诸如节点定位等特定场景下，固定时延通常难以测量，甚至其本身是待估计的参数。因此，在单向消息传播背景下，如何在固定时延未知且不可忽略的情况下同时估计出时钟频偏、固定时延及时钟相偏成为一个具有挑战性的问题。

7.1.2 混合同步流程

在实际的工业物联网中，时间同步功能通常集成到现有网络传输中以降低节点能量消耗。无须构造专门的同步报文，同步消息可嵌入到数据包收发过程中来完成传递，免时间戳同步便是一个典型的例子。由于成对同步节点间并不需要交换任何时间戳信息，可以无缝嵌入到网络数据流中，从而节省大量能量和通信带宽。然而，现有的免时间戳同步方法无法对时钟相偏进行有效估计，这在一定程度上限制了免时间戳同步机制的应用。若要实现对时钟频偏、固定时延及时钟相偏的联合估计，必须补充额外同步信息。考虑到单向消息传播同样是一种易于集成的同步机制，且存在无法区分出时钟相偏与固定时延的不足，本小节将免时间戳同步机制与单向消息传播机制进行联合优化设计，形成一种能同时估计出时钟频偏、固定时延和时钟相偏的混合同步方法。

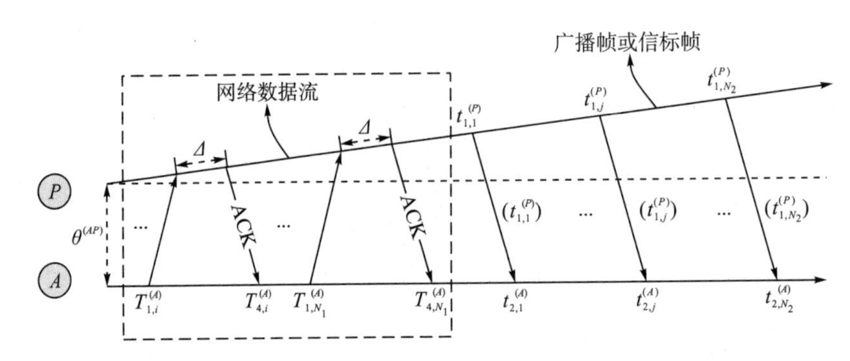

图 7.2 混合同步模型

免时间戳同步与单向消息传播机制联合设计的混合同步模型如图 7.2 所示，左侧虚线方框内为跟随网络数据流执行的免时间戳交互过程。在每个通信周期内，时钟源节点 P 在成功接收到通用节点 A 发送的普通数据包后，等待固定时间间隔$\varDelta$再回复一个确认帧。类比 6.2 节介绍的免时间戳同步方式，虚线方框内的免时间戳交互过程可用数学公式表示为

$$T_{4,i}^{(A)} - T_{1,i}^{(A)} = \frac{\varDelta}{1+\rho^{(AP)}} + 2d + X_i \tag{7.4}$$

式中，$X_i = X_i^{(AP)} + X_i^{(PA)}$，且服从均值为 0、方差为$2\sigma^2$的高斯分布。由于在推导如式(7.4)所示的模型通式时，时钟相偏$\theta^{(AP)}$被约去了，免时间戳同步协议无法进行相偏估计。

图 7.2 右侧即为单向传递的广播帧或信标帧，其中包含有时钟源节点 P 的时间戳信息。事实上，这种通过广播方式传递且包含同步信息的数据帧在一些实际工业物联网中本身就存在。例如，在 ISA100.11a 网络中，这类同步消息称为广

播帧。待同步节点根据广播帧接收时间和发送时间之间的差值来校正本地时钟。由于与单向消息传播具有相同的信令机制，这些广播帧或信标帧的单向传递过程同样可用式(7.1)来描述。得益于免时间戳同步机制及单向消息传播机制易于集成的优势，混合同步方法在现有网络传输中很容易就能实现，因而无需额外通信开销就能完成对时钟频偏、固定时延和时钟相偏的联合估计。

7.2 混合同步模型

式(7.1)和式(7.4)分别描述了混合同步模型中的单向消息传播及免时间戳同步过程。由于式(7.1)中随机时延 $X_j^{(PA)}$ 服从均值为 0、方差为 σ^2 的高斯分布，而式(7.4)中高斯随机时延 X_i 的方差为 $2\sigma^2$，可将等式(7.1)两边都乘以 $\sqrt{2}/(1+\rho^{(AP)})$ 得到

$$\sqrt{2}t_{2,j}^{(A)} = \frac{\sqrt{2}}{1+\rho^{(AP)}}t_{1,j}^{(P)} + \sqrt{2}d - \frac{\sqrt{2}\theta^{(AP)}}{1+\rho^{(AP)}} + \sqrt{2}X_j^{(PA)} \tag{7.5}$$

从而使得 $Y_j \triangleq \sqrt{2}X_j^{(PA)} \sim N(0,2\sigma^2)$。

假设在图 7.2 所示的混合同步方法中，免时间戳交互和单向消息传播分别执行 N_1 次和 N_2 次。因此，节点 A 可获得一系列观测值 $\left\{\left\{T_{1,i}^{(A)},T_{4,i}^{(A)}\right\}_{i=1}^{N_1},\left\{t_{1,j}^{(P)},t_{2,j}^{(A)}\right\}_{j=1}^{N_2}\right\}$。根据这些观测值，可将式(7.4)和式(7.5)写成矩阵形式如下：

$$\underbrace{\begin{bmatrix} T_{4,1}^{(A)}-T_{1,1}^{(A)} \\ \vdots \\ T_{4,N_1}^{(A)}-T_{1,N_1}^{(A)} \\ \sqrt{2}t_{2,1}^{(A)} \\ \vdots \\ \sqrt{2}t_{2,N_2}^{(A)} \end{bmatrix}}_{\triangleq P} = \underbrace{\begin{bmatrix} \varDelta & 2 & 0 \\ \vdots & \vdots & \vdots \\ \varDelta & 2 & 0 \\ \sqrt{2}t_{1,1}^{(P)} & \sqrt{2} & -\sqrt{2} \\ \vdots & \vdots & \vdots \\ \sqrt{2}t_{1,N_2}^{(P)} & \sqrt{2} & -\sqrt{2} \end{bmatrix}}_{\triangleq H} \underbrace{\begin{bmatrix} \gamma_1 \\ \gamma_2 \\ \gamma_3 \end{bmatrix}}_{\triangleq \varGamma} + \underbrace{\begin{bmatrix} X_1 \\ \vdots \\ X_{N_1} \\ Y_1 \\ \vdots \\ Y_{N_2} \end{bmatrix}}_{\triangleq W} \tag{7.6}$$

式中，$\gamma_1 \triangleq \dfrac{1}{1+\rho^{(AP)}}$；$\gamma_2 \triangleq d$；$\gamma_3 \triangleq \dfrac{\theta^{(AP)}}{1+\rho^{(AP)}}$。

基于式(7.6)所示的参数估计模型，可分别推导时钟频偏 $\rho^{(AP)}$、固定时延 d 和时钟相偏 $\theta^{(AP)}$ 的最大似然估计器及相应的 CRLB。

7.3 混合同步估计器

由于式(7.6)为标准线性模型，且随机时延 $\boldsymbol{W}$ 服从高斯分布，即 $\boldsymbol{W}\sim N(0,2\sigma^2\boldsymbol{I})$，根据文献[65]中的定理 4.1，可推导出矢量参数 $\boldsymbol{\Gamma}$ 的最大似然估计为

$$\hat{\boldsymbol{\Gamma}}=(\boldsymbol{H}^{\mathrm{H}}\boldsymbol{H})^{-1}\boldsymbol{H}^{\mathrm{H}}\boldsymbol{P} \tag{7.7}$$

因此，时钟频偏 $\rho^{(AP)}$、固定时延 d 及时钟相偏 $\theta^{(AP)}$ 的最大似然估计可分别表述为 $\hat{\rho}^{(AP)}=\dfrac{1}{[\hat{\boldsymbol{\Gamma}}]_1}-1$，$\hat{d}=[\hat{\boldsymbol{\Gamma}}]_2$ 和 $\hat{\theta}^{(AP)}=\dfrac{[\hat{\boldsymbol{\Gamma}}]_3}{[\hat{\boldsymbol{\Gamma}}]_1}$，其中 $[\boldsymbol{X}]_k$ 表示矢量 $\boldsymbol{X}$ 中的第 k 个元素。

通过对免时间戳同步和单向消息传播所获取的观测信息进行相互补充，混合同步方法成功实现了对时钟频偏、固定时延和时钟相偏的联合估计。值得注意的是，混合同步方法中的免时间戳同步机制并不依赖跟随响应或动态响应规则。如式(7.6)所示，即便确认帧响应时间间隔是固定不变的，也足以为矩阵 $\boldsymbol{H}$ 提供完整的列秩以估计出相应的时钟同步参数，这使得所提出的混合同步方法更加便于与现有网络协议相集成。

7.4 CRLB 推导

为评估上述混合估计器的性能好坏，可以推导出最大似然估计量 $\hat{\rho}^{(AP)}$、$\hat{d}$ 和 $\hat{\theta}^{(AP)}$ 的 CRLB。从式(7.6)中可推导得到参数 $(\gamma_1,\gamma_2,\gamma_3)$ 的对数似然函数为

$$\begin{aligned}\ln f(\gamma_1,\gamma_2,\gamma_3)=&-\frac{N_1+N_2}{2}\ln\left(4\pi\sigma^2\right)\\&-\frac{1}{4\sigma^2}\left[\sum_{i=1}^{N_1}\left(T_{4,i}^{(A)}-T_{1,i}^{(A)}-\varDelta\gamma_1-2\gamma_2\right)^2+\sum_{j=1}^{N_2}\left(\sqrt{2}t_{2,j}^{(A)}-\sqrt{2}t_{1,j}^{(P)}\gamma_1-\sqrt{2}\gamma_2+\sqrt{2}\gamma_3\right)^2\right]\end{aligned} \tag{7.8}$$

进一步，用式(7.8)分别对 γ_1、γ_2 和 γ_3 求二阶偏导得

$$\frac{\partial^2\ln f}{\partial{\gamma_1}^2}=-\frac{1}{2\sigma^2}\left[N_1\varDelta^2+2\sum_{j=1}^{N_2}\left(t_{1,j}^{(P)}\right)^2\right] \tag{7.9}$$

$$\frac{\partial^2\ln f}{\partial{\gamma_2}^2}=-\frac{1}{\sigma^2}\left(2N_1+N_2\right) \tag{7.10}$$

$$\frac{\partial^2\ln f}{\partial{\gamma_3}^2}=-\frac{1}{\sigma^2}N_2 \tag{7.11}$$

$$\frac{\partial^2 \ln f}{\partial\gamma_1\partial\gamma_2}=\frac{\partial^2 \ln f}{\partial\gamma_2\partial\gamma_1}=-\frac{1}{\sigma^2}\left(N_1\varDelta+\sum_{j=1}^{N_2}t_{1,j}^{(P)}\right) \tag{7.12}$$

$$\frac{\partial^2 \ln f}{\partial\gamma_1\partial\gamma_3}=\frac{\partial^2 \ln f}{\partial\gamma_3\partial\gamma_1}=\frac{1}{\sigma^2}\sum_{j=1}^{N_2}t_{1,j}^{(P)} \tag{7.13}$$

$$\frac{\partial^2 \ln f}{\partial\gamma_2\partial\gamma_3}=\frac{\partial^2 \ln f}{\partial\gamma_3\partial\gamma_2}=\frac{1}{\sigma^2}N_2 \tag{7.14}$$

在对式(7.9)～式(7.14)求负的期望值后，矢量参数$\boldsymbol{\varGamma}\triangleq\begin{bmatrix}\gamma_1 & \gamma_2 & \gamma_3\end{bmatrix}^{\mathrm{T}}$的 3×3 阶费希尔信息矩阵$\boldsymbol{I}(\boldsymbol{\varGamma})$可表示为

$$\begin{aligned}\boldsymbol{I}(\boldsymbol{\varGamma})&=\begin{bmatrix}-E\left[\dfrac{\partial^2\ln f}{\partial{\gamma_1}^2}\right] & -E\left[\dfrac{\partial^2\ln f}{\partial\gamma_1\partial\gamma_2}\right] & -E\left[\dfrac{\partial^2\ln f}{\partial\gamma_1\partial\gamma_3}\right]\\ -E\left[\dfrac{\partial^2\ln f}{\partial\gamma_2\partial\gamma_1}\right] & -E\left[\dfrac{\partial^2\ln f}{\partial{\gamma_2}^2}\right] & -E\left[\dfrac{\partial^2\ln f}{\partial\gamma_2\partial\gamma_3}\right]\\ -E\left[\dfrac{\partial^2\ln f}{\partial\gamma_3\partial\gamma_1}\right] & -E\left[\dfrac{\partial^2\ln f}{\partial\gamma_3\partial\gamma_2}\right] & -E\left[\dfrac{\partial^2\ln f}{\partial{\gamma_3}^2}\right]\end{bmatrix}\\ &=\frac{1}{\sigma^2}\begin{bmatrix}\dfrac{N_1}{2}\varDelta^2+\sum\limits_{j=1}^{N_2}(t_{1,j}^{(P)})^2 & N_1\varDelta+\sum\limits_{j=1}^{N_2}t_{1,j}^{(P)} & -\sum\limits_{j=1}^{N_2}t_{1,j}^{(P)}\\ N_1\varDelta+\sum\limits_{j=1}^{N_2}t_{1,j}^{(P)} & 2N_1+N_2 & -N_2\\ -\sum\limits_{j=1}^{N_2}t_{1,j}^{(P)} & -N_2 & N_2\end{bmatrix}\end{aligned} \tag{7.15}$$

然而，目标求解的矢量参数为$\boldsymbol{\beta}=\boldsymbol{g}(\boldsymbol{\varGamma})=\begin{bmatrix}\rho^{(AP)} & d & \theta^{(AP)}\end{bmatrix}^{\mathrm{T}}$。按照矢量参数变换的 CRLB 标准求解方法，可推导出如下雅可比(Jacobi)矩阵：

$$\frac{\partial\boldsymbol{g}(\boldsymbol{\varGamma})}{\partial\boldsymbol{\varGamma}}=\begin{bmatrix}\dfrac{\partial g_1(\boldsymbol{\varGamma})}{\partial\gamma_1} & \dfrac{\partial g_1(\boldsymbol{\varGamma})}{\partial\gamma_2} & \dfrac{\partial g_1(\boldsymbol{\varGamma})}{\partial\gamma_3}\\ \dfrac{\partial g_2(\boldsymbol{\varGamma})}{\partial\gamma_1} & \dfrac{\partial g_2(\boldsymbol{\varGamma})}{\partial\gamma_2} & \dfrac{\partial g_2(\boldsymbol{\varGamma})}{\partial\gamma_3}\\ \dfrac{\partial g_3(\boldsymbol{\varGamma})}{\partial\gamma_1} & \dfrac{\partial g_3(\boldsymbol{\varGamma})}{\partial\gamma_2} & \dfrac{\partial g_3(\boldsymbol{\varGamma})}{\partial\gamma_3}\end{bmatrix}=\begin{bmatrix}-\rho^{(AP)2} & 0 & 0\\ 0 & 1 & 0\\ -\rho^{(AP)}\theta^{(AP)} & 0 & \rho^{(AP)}\end{bmatrix} \tag{7.16}$$

紧接着，对费希尔信息矩阵$I(\boldsymbol{\varGamma})$求逆，则估计量$\hat{\beta}_k$的 CRLB 可通过式$\operatorname{var}(\hat{\beta}_k)\geqslant\left[\dfrac{\partial\boldsymbol{g}(\boldsymbol{\varGamma})}{\partial\boldsymbol{\varGamma}}\boldsymbol{I}^{-1}(\boldsymbol{\varGamma})\dfrac{\partial\boldsymbol{g}(\boldsymbol{\varGamma})^{\mathrm{T}}}{\partial\boldsymbol{\varGamma}}\right]_{kk}$推导得到，其中$[\boldsymbol{X}]_{kk}$表示向量$\boldsymbol{X}$的第$[k,k]$个元素。令$G=(2N_1+N_2)\left[N_1\varDelta^2+2\sum\limits_{j=1}^{N_2}\left(t_{1,j}^{(P)}\right)^2\right]-2\left(N_1\varDelta+\sum\limits_{j=1}^{N_2}t_{1,j}^{(P)}\right)^2$，估计量$\hat{\rho}^{(AP)}$、$\hat{d}$

和 $\hat{\theta}^{(AP)}$ 的 CRLB 可分别表示为

$$\operatorname{var}\left(\hat{\rho}^{(AP)}\right) \geqslant \frac{N_2\sigma^2(\rho^{(AP)})^4}{N_2\sum_{j=1}^{N_2}\left(t_{1,j}^{(P)}\right)^2-\left(\sum_{j=1}^{N_2}t_{1,j}^{(P)}\right)^2} \tag{7.17}$$

$$\operatorname{var}\left(\hat{d}\right) \geqslant \frac{\sigma^2\left[N_1N_2\Delta^2+2N_2\sum_{j=1}^{N_2}\left(t_{1,j}^{(P)}\right)^2-2\left(\sum_{j=1}^{N_2}t_{1,j}^{(P)}\right)^2\right]}{4N_1N_2\sum_{j=1}^{N_2}\left(t_{1,j}^{(P)}\right)^2-4N_1\left(\sum_{j=1}^{N_2}t_{1,j}^{(P)}\right)^2} \tag{7.18}$$

$$\operatorname{var}(\hat{\theta}^{(AP)}) \geqslant \frac{\sigma^2(\rho^{(AP)})^2\left\{4N_1N_2\left[\left(\theta^{(AP)}\right)^2+\Delta\theta^{(AP)}\right]+G-8N_1\theta^{(AP)}\sum_{j=1}^{N_2}t_{1,j}^{(P)}\right\}}{4N_1N_2\sum_{j=1}^{N_2}\left(t_{1,j}^{(P)}\right)^2-4N_1\left(\sum_{j=1}^{N_2}t_{1,j}^{(P)}\right)^2} \tag{7.19}$$

7.5 混合同步方法性能分析

为评估所提出的混合同步方法的性能，本节采用蒙特卡罗(Monte Carlo)法进行仿真分析。节点间的通信过程如图 7.2 所示，其中待估计的参数在仿真中分别设置为 $\rho^{(AP)}=0.003$， $\theta^{(AP)}=-10$， $d=2$。此外，免时间戳交互周期取为 $T_{\text{free}}=15$，每个周期的确认帧响应时间间隔都设为 $\Delta=2$，单向消息传播周期设为 $T_{\text{one}}=80$，而高斯随机时延的标准差则取为 $\sigma=1$。

图 7.3 所示为混合同步估计器的仿真结果，其中图 7.3(a)描绘了时钟相偏估计器 $\hat{\theta}^{(AP)}$ 的 MSE 及相应的 CRLB 随单向消息传播次数 N_2 的变化关系，此时免时间戳交互次数为 $N_1=4$。从图中可以看出，最大似然估计器 $\hat{\theta}^{(AP)}$ 的 MSE 曲线与 CRLB 完全重合，其大小随着观测次数 N_2 的增加而逐渐趋于 0，这表明本章所提出的时钟相偏估计器是有效的。图 7.3(b)为时钟频偏的最大似然估计器 $\hat{\rho}^{(AP)}$ 的 MSE 和相应的 CRLB 随 N_2 的变化关系，结果表明本章推导的时钟频偏估计器也是有效的。

在图 7.3(a)的基础上(即单向消息传播次数 $N_2=18$)，图 7.4 进一步绘制了时钟相偏估计器 $\hat{\theta}^{(AP)}$ 的 MSE 随免时间戳交互次数 N_1 的变化关系。仿真结果表明，所提出的时钟相偏估计器 $\hat{\theta}^{(AP)}$ 的性能随着免时间戳交互次数 N_1 的增加还能继续提升。对于时钟频偏估计器 $\hat{\rho}^{(AP)}$，由于 $\hat{\theta}^{(AP)}=\frac{1}{[\hat{\boldsymbol{\Gamma}}]_1}-1$ 的展开式中并不包含免时间戳同步机制所获取的信息($\left\{T_{1,i}^{(A)},T_{4,i}^{(A)}\right\}_{i=1}^{N_1}$ 和Δ)，估计器 $\hat{\rho}^{(AP)}$ 的性能不受 N_1 影响。

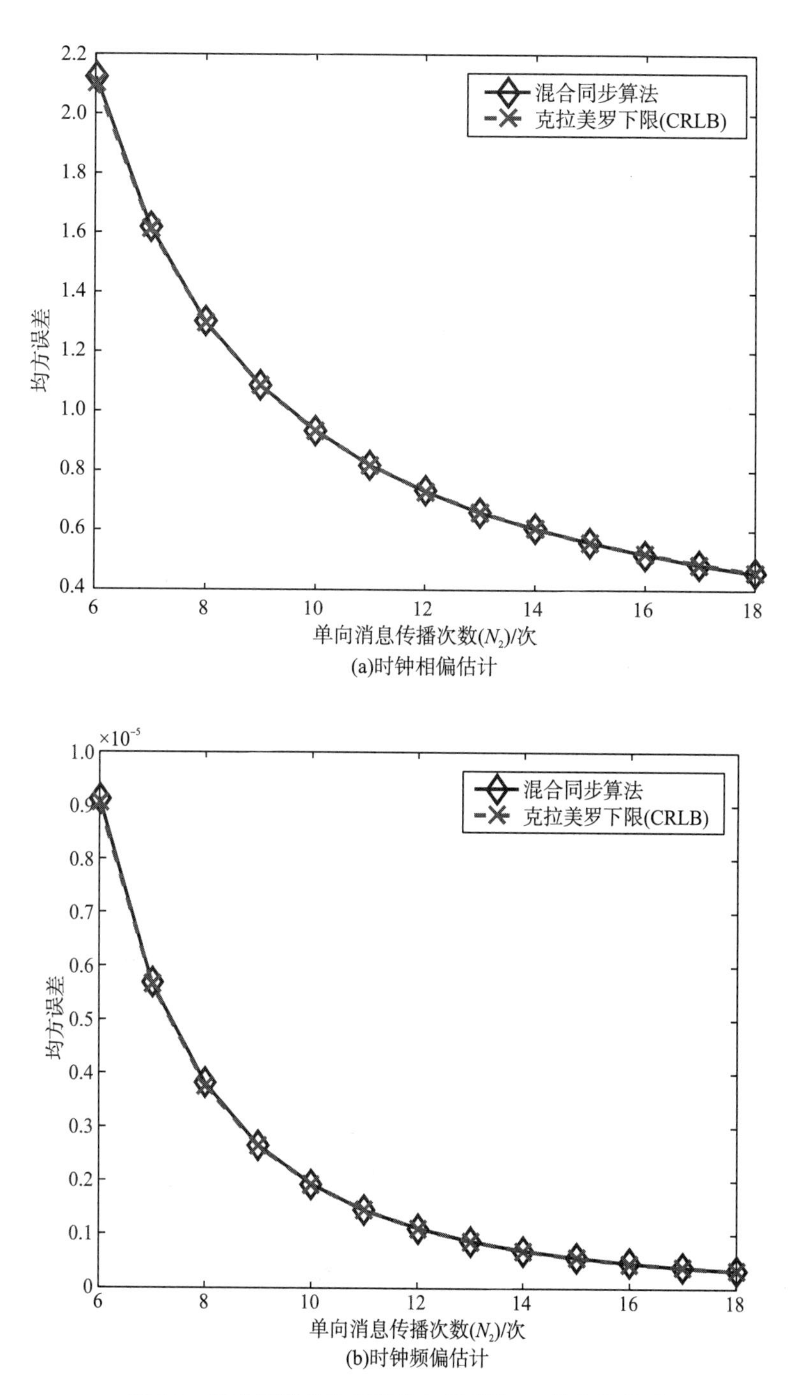

图 7.3　混合同步估计器的均方误差随 N_2 的变化关系

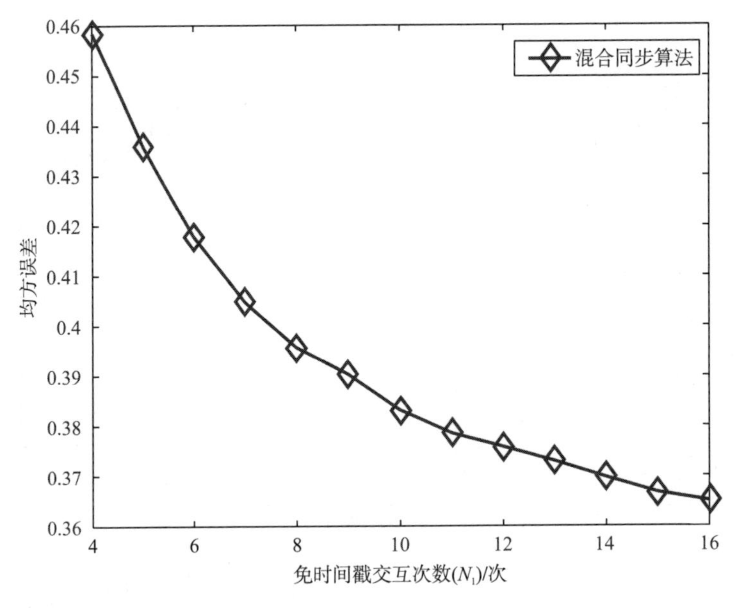

图 7.4　时钟相偏估计器的均方误差随 N_1 的变化关系

针对固定时延估计器 $\hat{d}$，仿真发现当免时间戳交互次数 $N_1=4$ 时，$\hat{d}$ 的 MSE 在单向消息传播次数 N_2 仅有几次时就达到相对较小的水平，但随着 N_2 的增大而基本保持不变。而当单向消息传播次数 $N_2=18$，免时间戳交互次数 N_1 不断增大时，固定时延估计器 $\hat{d}$ 的 MSE 会随之进一步减小，如图 7.5 所示。为了探究

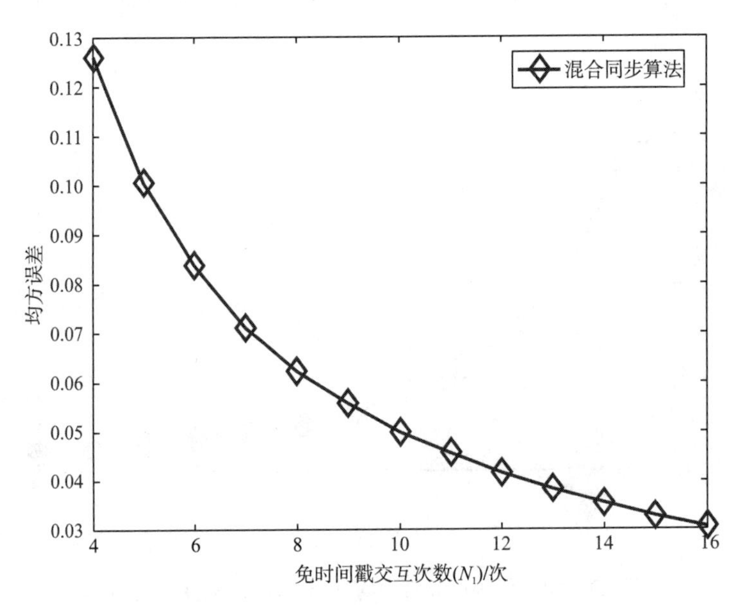

图 7.5　固定时延估计器的均方误差随 N_1 的变化关系

其根本原因，将时间戳$\left\{T_{1,i}^{(A)},T_{4,i}^{(A)}\right\}_{i=1}^{N_1}$和$\left\{t_{1,j}^{(P)},t_{2,j}^{(A)}\right\}_{j=1}^{N_2}$代入固定时延估计器$\hat{d}=[\hat{\boldsymbol{\Gamma}}]_2$中，可得到$\hat{d}=\frac{\sum_{i=1}^{N_1}\left(T_{4,i}^{(A)}-T_{1,i}^{(A)}\right)}{2N_1}-\frac{\Delta}{2(1+\rho^{(AP)})}$。由于传感器节点间的晶振频率偏差相对较小(即$\rho^{(AP)}\approx 0$)，$\hat{d}$的估计性能主要受免时间戳交互次数$N_1$影响，而与单向消息传播次数$N_2$没有太大关系。

第 8 章　基于免时间戳交互的时钟同步参数跟踪方法

工业物联网时间同步问题来源于节点的晶振特性。受外界温度、气压等环境因素及自身老化程度的影响，节点晶振频率在长时间内是呈无规律缓慢变化的。实际上，即使是很小的频率偏移，比如 0.001%，也会在一天时间内造成 1s 的时钟偏差。在设计时间同步协议时，若忽略节点晶振的长期变化特性，将晶振频率看作分段线性变化的，那么这类同步协议需要频繁地进行再同步操作以维持节点间的同步精度，这无疑会增加节点同步需求所带来的能量开销。第 6～7 章中研究的免时间戳同步都是基于晶振频率稳定不变的假设。因此，本章将研究免时间戳同步的时变时钟参数跟踪，主要包括如下几方面内容：第一，在基于定时响应的免时间戳同步场景下，考虑频偏的时变特性，利用卡尔曼滤波(Kalman filter)方法对其进行跟踪；第二，考虑频偏与相偏的时变特性，采用扩展卡尔曼滤波方法联合跟踪免时间戳时钟频偏与相偏；第三，针对免时间戳同步与隐含同步结合的低功耗同步场景，通过扩展卡尔曼滤波器跟踪隐含节点的时变频偏。

8.1　基于卡尔曼滤波的免时间戳频偏跟踪方法

8.1.1　观测模型

在提出免时间戳频率偏移跟踪算法之前，首先需要建立节点的本地观测模型以及时钟频率偏移的状态预测模型。现有的基于卡尔曼滤波的时间同步算法大多通过交换时间戳来获取观测值，依赖典型的双向信息交换机制获取本地观测值。与之相比，本节运用免时间戳同步机制，无须传递时间戳信息，在仅跟随现有网络数据流的条件下，以极小的代价就能获取样本观测数据。

图 6.1 所示的基于定时响应的免时间戳同步协议中，由于 $\rho^{(AP)}=\dfrac{f_P}{f_A}-1$，通用节点 A 与时钟源节点 P 在第 i 周期数据传输的往返时间间隔可表示为

$$T_{4,i}^{(A)}-T_{1,i}^{(A)}=\frac{f_A}{f_P}\varDelta_i+2d+X_i^{(AP)}+X_i^{(PA)} \tag{8.1}$$

式中，f_A 为通用节点 A 时钟晶振的理想频率；f_P 为时钟源节点 P 时钟晶振的理

想频率，且假设为标准频率。

令 $S_i = T_{4,i}^{(A)} - T_{1,i}^{(A)}$，则式(8.1)可简化为

$$S_i = \frac{f_A}{f_P}\varDelta_i + 2d + X_i \tag{8.2}$$

式中，$X_i = X_i^{(AP)} + X_i^{(PA)}$，且服从均值为 0、方差为 $\sigma_X^2 = 2\sigma^2$ 的高斯分布。

用 S_{i+1} 减去 S_i 可得到

$$\underbrace{S_{i+1} - S_i - (\varDelta_{i+1} - \varDelta_i)}_{O_j} = \rho\underbrace{(\varDelta_{i+1} - \varDelta_i)}_{h} + \underbrace{X_{i+1} - X_i}_{\omega_j} \tag{8.3}$$

式中，$\rho = \dfrac{f_A - f_P}{f_P}$ 为通用节点 A 相对于标准时钟的频率偏移。

实际上，由于晶振频率会受外界环境影响，ρ 是随时间缓慢变化的。因此，对于通用节点 A 的相对时钟频率偏移，更准确地表达式应该为 $\rho(t)$。考虑到数据包传输的往返时间通常很短，所以可以假设时钟频率偏移在连续两个通信周期内保持恒定，即将其抽象为一个采样时刻。另外，动态响应时间间隔 $\varDelta_i$ 是可由用户自定义的，为简化操作，可将观测系数 $h = \varDelta_{i+1} - \varDelta_i$ 设定为常量。经过采样，根据式(8.3)可得到离散时钟观测模型如下：

$$O[n] = \rho[n]h + \omega[n] \tag{8.4}$$

显然，$\omega[n]$ 是均值为 0、方差为 $\sigma_\omega^2 = 2\sigma_X^2$ 的高斯随机变量。

8.1.2　状态模型

受晶振相位噪声的影响，时钟频率偏移具有一定的随机性，但每个时刻的样本值又并非完全相互独立。本节将从相位噪声角度考虑，引入一种能准确反映时钟频率偏移状态变化的数学模型。

事实上，时钟频率偏移由两个因素决定：晶振的固有频率和相位噪声，因此，时钟晶振在扰动下的瞬时电压输出可表示为

$$V(t) = V_0\cos\left[2\pi f_0 t + \psi(t)\right] \tag{8.5}$$

式中，V_0 为时钟晶振在无扰动下的输出电压；f_0 为时钟晶振的固有频率；$\psi(t)$ 为时钟晶振的相位噪声。

显然，相位噪声 $\psi(t)$ 对节点晶振频率产生的扰动误差为 $\dfrac{1}{2\pi f_0}\dfrac{\mathrm{d}\psi(t)}{\mathrm{d}t}$。因此，节点时钟晶振在 t 时刻的实际频率可描述为

$$f(t) = f_0 + \frac{1}{2\pi f_0}\frac{\mathrm{d}\psi(t)}{\mathrm{d}t} \tag{8.6}$$

正是由于该扰动误差的存在，使得时钟频率偏移值不断缓慢变化。一般来说，相位噪声是抖动的，但是具有循环平稳特征。因此，可将时钟频率偏移建模

为一个均值为零，并且在均值附近有小扰动的随机过程。考虑到这一点，采用一阶高斯马尔可夫模型(也称为一阶自回归模型)来描述时钟频率偏移的状态变化过程是合理的，即

$$\rho[n]=m\rho[n-1]+u[n] \tag{8.7}$$

式中，$\rho[n]$为时钟频率偏移在第 n 个采样时刻的状态值；m 为状态转移系数；$u[n]$为状态噪声，服从均值为 0、方差为σ_u^2的高斯分布。

状态转移系数 m 可用衰减指数模型来表示，即$m=\alpha^{\frac{\tau}{v}}$。其中，$\alpha$为小于但接近于 1 的正数，$\tau$代表采样周期，$v$ 用来对不同的衰减速率进行归一化处理。此外，状态噪声方差满足$\sigma_u^2=\left(1-m^2\right)\sigma_\rho^2$，其中$\sigma_\rho^2$表示时钟频率偏移采样值$\rho[n]$的方差。由于状态噪声方差$\sigma_u^2$也取决于系数 m，当 m 过小时，自回归过程则受噪声控制，这表明当前值与前一个状态值之间的相关性很低，因而无法准确跟踪频率偏移的状态变化。尽管本节采用的自回归模型只是一阶的，但它量化了时钟频率偏移的主要变化，并考虑了随机性，因此具有普遍性和实用性。

8.1.3 免时间戳卡尔曼滤波器

卡尔曼滤波是一种有效的自回归数据处理方法，能够对线性动态系统的下一步走向做出有根据的预测，并从伴随各种干扰的观测数据中估计出系统的真实状态。与其他多种统计信号处理方法相比，卡尔曼滤波具有处理速度快、占用内存小的优点，因为除了前一个状态值，它不需要保留其他历史数据，因此很适合应用于实时问题。本节将根据节点本地记录的观测数据，利用卡尔曼滤波算法来跟踪时钟频率偏移的状态变化过程。

卡尔曼滤波器按状态方程和观测方程的不同可分为如下三类：标量状态-标量观测、矢量状态-标量观测、矢量状态-矢量观测。根据式(8.4)和式(8.7)给出的观测模型和状态模型，不难发现本节提出的免时间戳卡尔曼滤波器符合第一种情形。因此，由标准卡尔曼滤波公式可推导出时钟频率偏移的跟踪过程。

预测：

$$\hat{\rho}[n|n-1]=A\hat{\rho}[n-1|n-1] \tag{8.8}$$

最小预测均方误差：

$$M[n|n-1]=A^2M[n-1|n-1]+\sigma_u^2 \tag{8.9}$$

卡尔曼增益：

$$K[n]=\frac{M[n|n-1]h}{\sigma_\omega^2+M[n|n-1]h^2} \tag{8.10}$$

修正：

$$\hat{\rho}[n|n]=\hat{\rho}[n|n-1]+K[n](O[n]-h\hat{\rho}[n|n-1]) \tag{8.11}$$

最小均方误差：

$$M[n|n]=(1-hK[n])M[n|n-1] \tag{8.12}$$

与现有基于卡尔曼滤波的时间同步算法相比，本节提出的免时间戳卡尔曼滤波器不依赖专门的同步协议，不需要交换专门的同步报文，仅跟随现有网络数据流就能实现，不仅有效降低了通信开销，也提高了时钟频率偏移跟踪算法的可操作性和实用性。

8.1.4　仿真分析

在免时间戳时钟频率偏移跟踪算法仿真中，相关参数依次取为：$\alpha=1-2\times10^{-3}$，$v=1\,\text{h}$，$\tau=100\,\text{s}$。状态噪声和观测噪声分别设置为 $\sigma_u^2=\left(1-m^2\right)\times10^{-5}$，$\sigma_\omega^2=10^{-4}$。同时，将卡尔曼滤波器初始化为 $\hat{\rho}[0|0]=0.003$，$M[0|0]=10^{-5}$。

图 8.1 为免时间戳卡尔曼滤波器跟踪时钟频率偏移真实值的仿真结果，其中观测系数 h 设为 100。从图 8.1(a)中可以看出，免时间戳卡尔曼滤波器能够从包含较大噪声的观测值中估计出时钟频率偏移，准确地跟踪其真实变化。同时，图 8.1(b)给出了时钟频率偏移估计的均方误差，结果表明所提出的免时间戳卡尔曼滤波器能够快速收敛，且估计精度较高。

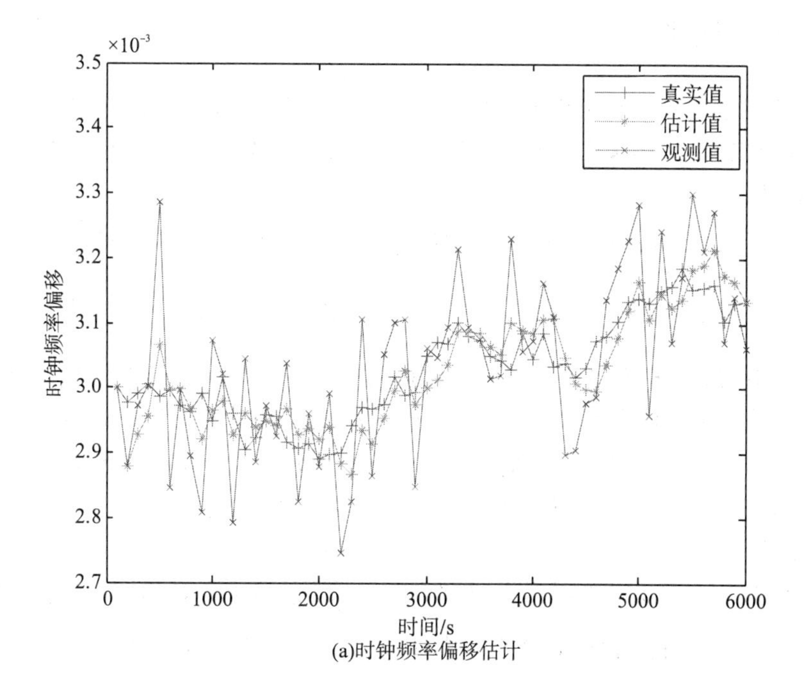

(a)时钟频率偏移估计

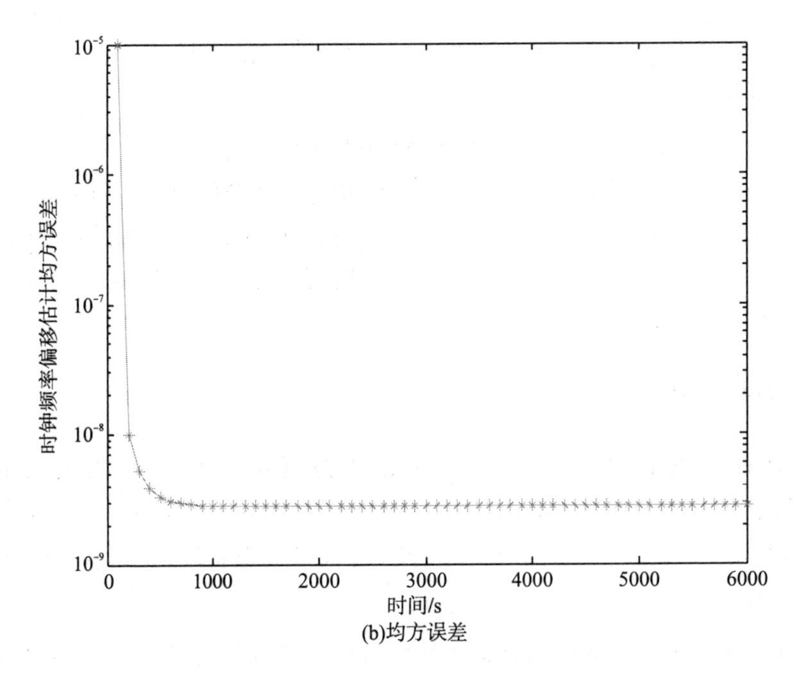

(b)均方误差

图 8.1 免时间戳卡尔曼滤波器性能验证

8.2 通用节点的免时间戳频偏和相偏联合跟踪方法

8.2.1 观测模型

基于定时响应的免时间戳同步协议，本节将第 i 个同步轮次中通用节点 A 发送给时钟源节点 P 的报文以及时钟源节点 P 回复的 ACK 报文，建立两个单向线性时间模型：

$$T_{2,i}^{(P)} = T_{1,i}^{(A)} + \theta_i^{(AP)} + d^{(AP)} + X_i^{(AP)} + \rho_i^{(AP)}\left(T_{1,i}^{(A)} - T_{1,1}^{(A)} + d^{(AP)} + X_i^{(AP)}\right) \tag{8.13}$$

$$T_{3,i}^{(P)} = T_{4,i}^{(A)} + \theta_i^{(AP)} - d^{(PA)} - X_i^{(PA)} + \rho_i^{(AP)}\left(T_{4,i}^{(A)} - T_{1,1}^{(A)} - d^{(PA)} - X_i^{(PA)}\right) \tag{8.14}$$

本节中的随机时延 $X_i^{(AP)}$ 和 $X_i^{(PA)}$ 被认为服从均值为 0、方差为 σ_A^2 和 σ_P^2 的高斯分布，并且由于通用节点 A 和时钟源节点 P 之间的信息交互在时间上被 Δ_i 间隔开来，这确保了双向随机时延的独立性。由于固定时延可根据报文长度和无线传播距离进行计算并且随机性较小，在本节中固定时延被认为是已知且 $d^{(AP)} = d^{(PA)}$。

动态响应时间 Δ_i 可以用 $T_{3,i}^{(P)} - T_{2,i}^{(P)}$ 表示，式(8.14)减去式(8.13)就可以表示为

$$\Delta_i = \left(1 + \rho_i^{(AP)}\right)\left[\left(T_{4,i}^{(A)} - T_{1,i}^{(A)}\right) - 2d^{(AP)} - \left(X_i^{(AP)} + X_i^{(PA)}\right)\right] \tag{8.15}$$

定义 $S_i = T_{4,i}^{(A)} - T_{1,i}^{(A)}$ 和 $X_i = X_i^{(AP)} + X_i^{(PA)}$，式(8.15)可以简化为

$$\Delta_i = \left(1+\rho_i^{(AP)}\right)\left(S_i - 2d^{(AP)} - X_i\right) \tag{8.16}$$

根据高斯分布的任意加减特性，可知 X_i 仍然服从高斯分布，且 $X_i \sim N\left(0,\sigma_A^2+\sigma_P^2\right)$。考虑分组传输的往返时间非常短，可以假设时钟频率偏移在两个连续的同步轮次中保持不变，即 $\rho_{i+1}^{(AP)} = \rho_i^{(AP)}$，其中 i 为奇数。

接下来，用 Δ_{i+1} 减去 Δ_i 可得

$$\underbrace{\Delta_{i+1} - \Delta_i}_{\Delta'_j} = \left(1+\rho_i^{(AP)}\right)\left[\underbrace{S_{i+1} - S_i}_{S'_j} - \underbrace{\left(X_{i+1} - X_i\right)}_{\omega'_j}\right] \tag{8.17}$$

式中，$j = \dfrac{i+1}{2}$ 且 i 为奇数。

最后在式(8.17)两边同时除以 $\left(1+\rho_i^{(AP)}\right)$，并将其采样为离散形式，最终的观测模型为

$$S'[n] = \frac{1}{1+\rho^{(AP)}[n]}\Delta'[n] + \omega'[n] \tag{8.18}$$

式中，$\omega'[n]$ 为均值为 0、方差为 $\sigma_{\omega'}^2 = 2(\sigma_A^2+\sigma_P^2)$ 的高斯随机变量。

8.2.2　状态模型

受物理环境的影响，振荡器频率随时间变化，导致时变的时钟频率偏移。考虑这些因素，本小节将 t 时刻的瞬时时钟相位偏移 $\theta(t)$ 表示为

$$\theta(t) = \int_0^t \rho(\tau)\mathrm{d}\tau + \theta_0 \tag{8.19}$$

式中，$\rho(\tau)$ 为瞬时的频率偏移；θ_0 为初始相位偏移。

时间同步的相关研究多使用离散形式的仿射时钟模型，因为采样后的观测数据通常以离散时间状态呈现，并且同步是通过每轮消息交互实现的。那么，式(8.19)可以表示为如下离散时间模型：

$$\theta[n] = \sum_{\zeta=1}^{n} \rho[\zeta]\tau[\zeta] + \theta_0 \tag{8.20}$$

式中，ζ 为采样序列；$\tau[\zeta]$ 为第 ζ 个序列的采样周期。

式(8.20)可以用迭代形式重构为

$$\theta[n] = \theta[n-1] + \rho[n]\tau[n] \tag{8.21}$$

同样，采用一阶高斯马尔可夫过程来描述时钟频率偏移的状态变化：

$$\rho[n] = m\rho[n-1] + u[n] \tag{8.22}$$

式中，m 为状态转移系数；$u[n]$ 为均值为 0、方差为 $\sigma_u^2 = (1-m^2)\sigma_\rho^2$ 的驱动噪声。

8.2.3 通用节点扩展卡尔曼滤波器

卡尔曼滤波器是一个强大的动态参数估计工具，通过结合观测数据实现线性系统的最佳状态跟踪。在最初的研究中，通用的卡尔曼滤波方案被用来跟踪通用节点 A 的相对频率偏移和相对相位偏移，但由于推导得到的观测模型具有非线性特性，使用通用的卡尔曼滤波器在动态免时间戳同步参数估计研究中难以同时跟踪频率偏移和相位偏移。幸运的是，卡尔曼滤波的一种扩展形式，即扩展卡尔曼滤波(extended Kalman filter，EKF)良好地匹配了非线性的观测方程或非线性的状态方程。本节采用扩展卡尔曼滤波方法对观测方程进行线性化，然后推导出扩展卡尔曼滤波迭代方程，实现免时间戳同步下通用节点 A 的近似最优频率偏移和相位偏移联合跟踪。

根据频率偏移一阶高斯马尔可夫模型[式(8.22)]和相位偏移递归方程[式(8.21)]，定义通用节点 A 的状态方程为

$$\boldsymbol{x}[n]=\boldsymbol{A}\boldsymbol{x}[n-1]+\boldsymbol{u}[n] \tag{8.23}$$

式中，$\boldsymbol{x}[n]=\begin{bmatrix}\theta^{(AP)}[n]\\ \rho^{(AP)}[n]\end{bmatrix}$；$\boldsymbol{A}=\begin{bmatrix}1 & m\tau_0\\ 0 & m\end{bmatrix}$；$\boldsymbol{u}[n]=\begin{bmatrix}\tau_0 u^{(AP)}[n]\\ u^{(AP)}[n]\end{bmatrix}$。此处，采样周期用 τ_0 表示，$u^{(AP)}[n]$ 是均值为 0、方差为 $\sigma_u^2=(1-m^2)\sigma_\rho^2$ 的驱动噪声，因此状态噪声 $\boldsymbol{u}[n]$ 的协方差矩阵为 $\boldsymbol{C}_{\mathrm{s}}=\begin{bmatrix}\tau_0^2\sigma_{u^{(AP)}}^2 & \tau_0\sigma_{u^{(AP)}}^2\\ \tau_0\sigma_{u^{(AP)}}^2 & \sigma_{u^{(AP)}}^2\end{bmatrix}$。

式(8.23)中的 $\theta^{(AP)}[n]$ 是实际相位偏移，相位偏移的观测可以定义为带噪声的真实偏移，即 $\tilde{\theta}^{(AP)}[n]=\theta^{(AP)}[n]+\upsilon[n]$。联合式(8.18)，可得观测方程：

$$\boldsymbol{R}[n]=\boldsymbol{h}(\boldsymbol{x}[n])+\boldsymbol{W}[n] \tag{8.24}$$

式中，$\boldsymbol{R}[n]=\begin{bmatrix}\tilde{\theta}^{(AP)}[n]\\ S'[n]\end{bmatrix}$；$\boldsymbol{h}(\boldsymbol{x}[n])=\begin{bmatrix}\theta^{(AP)}[n]\\ \dfrac{\Delta'[n]}{1+\rho^{(AP)}[n]}\end{bmatrix}$；$\boldsymbol{W}[n]=\begin{bmatrix}\upsilon[n]\\ \omega'[n]\end{bmatrix}$。同时，观测噪声的协方差矩阵为 $\boldsymbol{C}_{\mathrm{o}}=\begin{bmatrix}\sigma_\upsilon^2 & 0\\ 0 & \sigma_{\omega'}^2\end{bmatrix}$。

可以观察到式(8.24)是非线性的，因此使用扩展卡尔曼滤波而不是卡尔曼滤波来跟踪频率偏移和相位偏移。扩展卡尔曼滤波相对于卡尔曼滤波的主要变化是其状态转移矩阵或观察矩阵为雅可比矩阵，雅可比矩阵是通过对状态转移矩阵或观测矩阵的泰勒级数展开得到的。值得注意的是，状态方程是线性的，因此只需要在每次迭代中线性化观测方程即可。

$\boldsymbol{h}(\boldsymbol{x}[n])$ 的一阶泰勒级数展开为

$$\boldsymbol{h}(\boldsymbol{x}[n]) \approx \boldsymbol{h}(\hat{\boldsymbol{x}}[n\,|\,n-1]) + \frac{\partial \boldsymbol{h}}{\partial \boldsymbol{x}[n]}\bigg|_{\boldsymbol{x}[n]=\hat{\boldsymbol{x}}[n|n-1]} (\boldsymbol{x}[n] - \hat{\boldsymbol{x}}[n\,|\,n-1]) \tag{8.25}$$

对 $\boldsymbol{h}(\boldsymbol{x}[n])$ 求导，可得到

$$\frac{\partial \boldsymbol{h}}{\partial \boldsymbol{x}[n]} = \begin{bmatrix} 1 & 0 \\ 0 & \dfrac{-\Delta'[n]}{(1+\rho^{(AP)}[n])^2} \end{bmatrix} \tag{8.26}$$

雅可比矩阵可以表示为

$$\boldsymbol{H}[n] = \frac{\partial \boldsymbol{h}}{\partial \boldsymbol{x}[n]} = \begin{bmatrix} 1 & 0 \\ 0 & \dfrac{-\Delta'[n]}{(1+\rho^{(AP)}[n])^2} \end{bmatrix}\Bigg|_{\boldsymbol{x}[n]=\hat{\boldsymbol{x}}[n|n-1]} \tag{8.27}$$

因此，重构后的观测方程为

$$\boldsymbol{R}[n] = \boldsymbol{H}[n]\boldsymbol{x}[n] + \boldsymbol{W}[n] + (\boldsymbol{h}(\hat{\boldsymbol{x}}[n\,|\,n-1]) - \boldsymbol{H}[n]\hat{\boldsymbol{x}}[n\,|\,n-1]) \tag{8.28}$$

动态响应式免时间戳同步下面向通用节点的频偏、相偏扩展卡尔曼滤波跟踪算法被划分为以下几个步骤。

预测状态：

$$\hat{\boldsymbol{x}}[n\,|\,n-1] = \boldsymbol{A}\hat{\boldsymbol{x}}[n-1\,|\,n-1] \tag{8.29}$$

预测均方误差：

$$\boldsymbol{M}[n\,|\,n-1] = \boldsymbol{A}\boldsymbol{M}[n-1\,|\,n-1]\boldsymbol{A}^{\mathrm{T}} + \boldsymbol{C}_{\mathrm{s}} \tag{8.30}$$

卡尔曼增益：

$$\boldsymbol{K}[n] = \frac{\boldsymbol{M}[n\,|\,n-1]H^{\mathrm{T}}[n]}{\boldsymbol{C}_{\mathrm{o}} + \boldsymbol{H}[n]\boldsymbol{M}[n\,|\,n-1]\boldsymbol{H}^{\mathrm{T}}[n]} \tag{8.31}$$

状态修正：

$$\hat{\boldsymbol{x}}[n\,|\,n] = \hat{\boldsymbol{x}}[n\,|\,n-1] + \boldsymbol{K}[n](\boldsymbol{R}[n] - \boldsymbol{h}(\hat{\boldsymbol{x}}[n\,|\,n-1])) \tag{8.32}$$

均方误差修正：

$$\boldsymbol{M}[n\,|\,n] = (\boldsymbol{I} - \boldsymbol{K}[n]\boldsymbol{H}[n])\boldsymbol{M}[n\,|\,n-1] \tag{8.33}$$

在式(8.29)～式(8.33)中，$\boldsymbol{I}$ 为单位矩阵；$\hat{\boldsymbol{x}}[n\,|\,n-1]$ 为考虑状态矩阵 $\boldsymbol{A}$ 和前一轮状态 $\hat{\boldsymbol{x}}[n-1\,|\,n-1]$ 对 $\boldsymbol{x}[n]$ 的状态预测，未考虑观测方程的协方差矩阵，预测的 MSE 写为 $\boldsymbol{M}[n\,|\,n-1]$。利用观测方程和预测均方误差计算出卡尔曼增益 $\boldsymbol{K}[n]$ 后，可得到修正后的状态 $\hat{\boldsymbol{x}}[n\,|\,n]$ 和均方误差 $\boldsymbol{M}[n\,|\,n]$。

8.2.4　后验 CRLB

在本节中，克劳美罗下限被尝试用来评估扩展卡尔曼滤波参数跟踪方案的性能。但是，克劳美罗下限仅为时不变统计模型设定了参数估计性能下限，而本小节工作中的模型是时变的，需要利用基于贝叶斯观点的后验克劳美罗下限为时变

系统生成一个下限。因此，在本小节中，时钟频率偏移和相位偏移的后验克劳美罗下限被推导用以评估扩展卡尔曼滤波跟踪算法的性能。

根据观测方程[式(8.24)]和状态方程[式(8.23)]，后验克劳美罗下限的均方误差形式为

$$E\left\{\left[\boldsymbol{g}\left(\boldsymbol{R}[n]\right)-\boldsymbol{x}[n]\right]\left[\boldsymbol{g}\left(\boldsymbol{R}[n]\right)-\boldsymbol{x}[n]\right]^{\mathrm{T}}\right\} \geqslant \boldsymbol{J}^{-1} \tag{8.34}$$

式中，$\boldsymbol{g}\left(\boldsymbol{R}[n]\right)$ 为 $\boldsymbol{x}$ 的一个估计值。

进一步地，后验克劳美罗下限费希尔信息矩阵的迭代表达式可以写为

$$\boldsymbol{J}[n+1]=\left(\boldsymbol{C}_{\mathrm{s}}+\boldsymbol{A}\boldsymbol{J}\left[n\right]^{-1}\boldsymbol{A}^{\mathrm{T}}\right)^{-1}+\boldsymbol{E}_{\boldsymbol{X}[n+1]}\left\{\boldsymbol{H}^{\mathrm{T}}\left[n+1\right]\boldsymbol{C}_{\mathrm{o}}^{-1}\boldsymbol{H}\left[n+1\right]\right\} \tag{8.35}$$

通过对费希尔信息矩阵迭代形式 $\boldsymbol{J}$ 求逆，可推导出通用节点 A 频率偏移跟踪的后验克劳美罗下限如下：

$$\varLambda[n]=\boldsymbol{J}^{-1}\left[n\right] \tag{8.36}$$

8.2.5 仿真验证

需要注意的是，从扩展卡尔曼滤波递推公式(8.29)～式(8.33)可以看出，要确定时钟参数的状态，首先要知道初始状态。但真实初始状态是难以确定的，一般只能近似地给定。本小节设置 $\boldsymbol{M}[-1|-1]$ 为每个参数的方差，设置 $\hat{\boldsymbol{x}}[-1|-1]$ 为均值，即 $\boldsymbol{M}[-1|-1]=\mathrm{diag}(1\times10^{-5},1\times10^{-3})$，$\hat{\boldsymbol{x}}[-1|-1]=\begin{bmatrix}3 & 1\times10^{-4}\end{bmatrix}^{\mathrm{T}}$。

根据晶振和时间同步的设计特点，仿真中使用的其他相关参数为 $\tau_0=120$，$d^{(AP)}=d^{(PA)}=2$，$\sigma_{\omega'}^2=1\times10^{-5}$，$\sigma_{\upsilon}^2=1\times10^{-5}$，连续两个同步轮次的响应时间 $\varDelta'[n]$ 被设置为 $\{10,40\}$。设定 $\nu=3600$，$\alpha=1-2\times10^{-6}$，它们一般都可以被认为是已知的。因此，可以计算得到自回归系数 $m=\alpha^{\frac{\tau}{\nu}}=(1-2\times10^{-6})^{\frac{120}{3600}}$，以及 $\sigma_{u^{(AP)}}^2=(1-m^2)\sigma_{\rho^{(AP)}}^2$。

图 8.2 为扩展卡尔曼滤波算法执行 100 次跟踪迭代的仿真。在图 8.2(a)中，在校正预测值后，时钟频率偏移的估计值实时且准确跟踪了真实频率偏移。从图 8.2(a)还可以了解到，频率偏移的观测值由于观测噪声的作用，围绕真实频率偏移不断波动。图 8.2(b)同样证明了估计的相位偏移能够良好地跟踪真实相位偏移。

图 8.3 为扩展卡尔曼滤波器的具体跟踪精度分析。在图 8.3(a)和图 8.3(b)中分别计算给出了免时间戳同步下通用节点 A 的频率偏移和相位偏移的均方误差，从图中可以看出时钟频率偏移和相位偏移的跟踪精度都非常高，同时频率偏移仅需要 10 次迭代即可完成均方误差收敛，达到性能稳定，而相位偏移也只需要 20 次即可实现稳定跟踪。另外，图 8.3(a)和图 8.3(b)中还仿真了扩展卡尔曼

滤波器的后验克劳美罗下限，从图中可以很明显观察到该算法几乎与此下限重合，证明该跟踪算法性能已经接近最优。

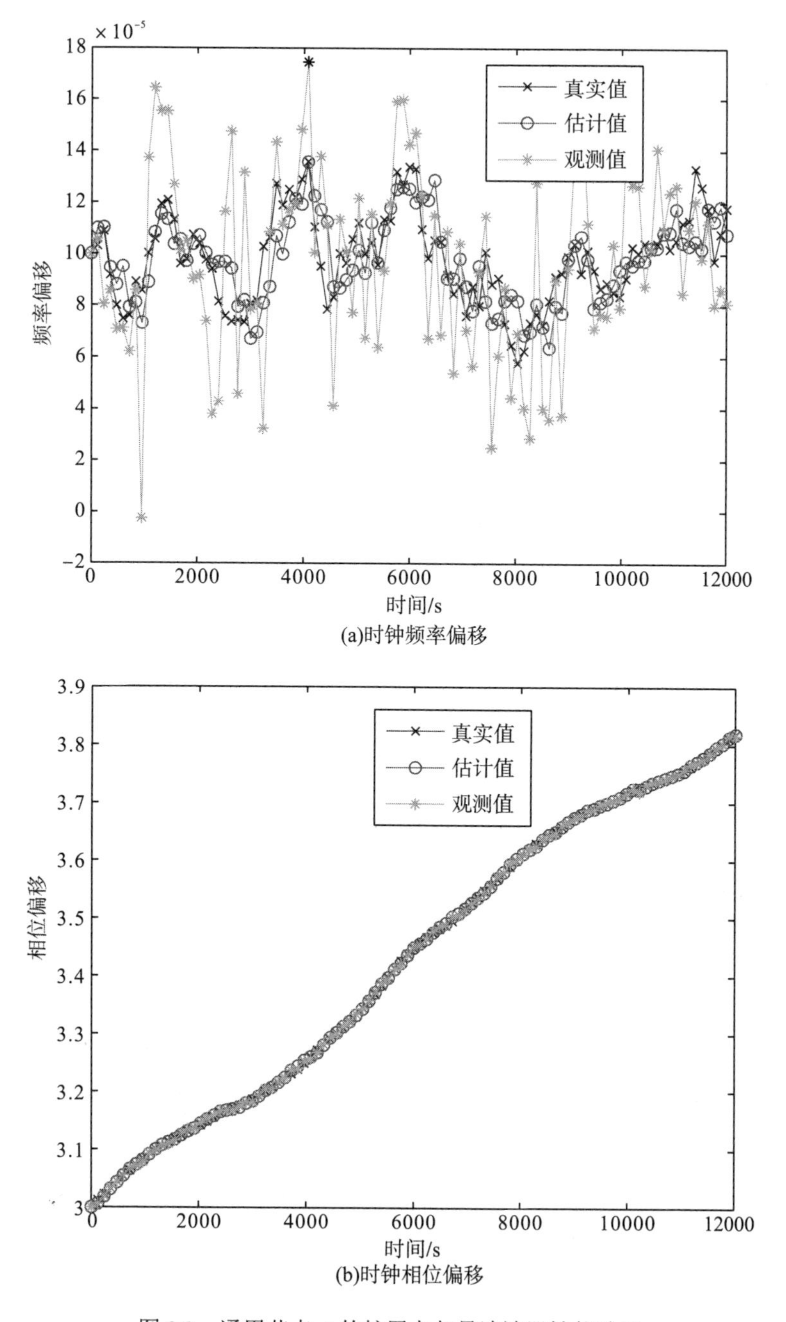

(a)时钟频率偏移

(b)时钟相位偏移

图 8.2　通用节点 A 的扩展卡尔曼滤波器性能验证

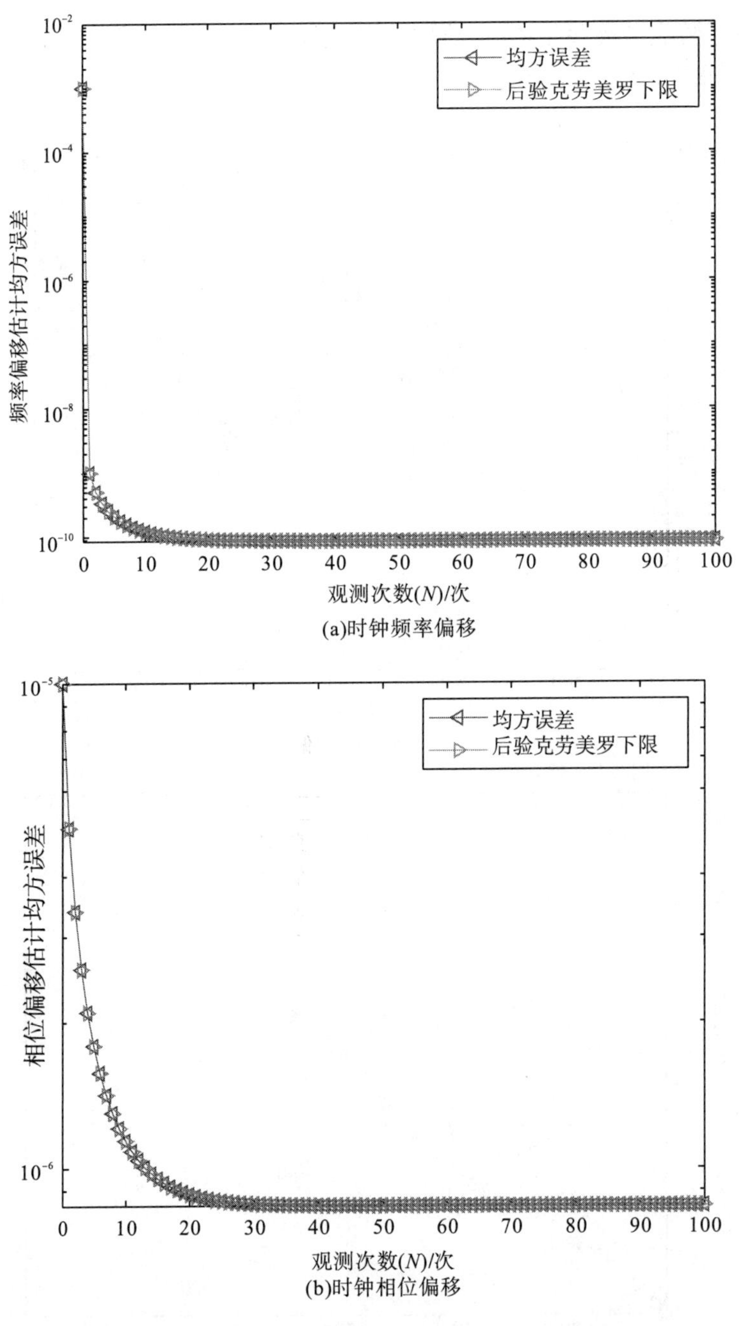

(a)时钟频率偏移

(b)时钟相位偏移

图 8.3　通用节点 A 的扩展卡尔曼滤波器均方误差验证

几种相关同步方案的计算复杂度(加法、减法、乘法和除法的数量)具体总结在表 8.1 中。然后以 IEEE 802.15.4 为例(其中一个时间戳在数据包交互中占 4 个字节)来讨论这几种时间同步跟踪算法产生的额外通信开销。由于免时间戳同步机制可以很容易嵌入到现有网络数据报文中而无需专门的同步数据包，针对通用节点的免时间戳扩展卡尔曼滤波算法和标量免时间戳卡尔曼滤波算法都不需要额外的通信开销。如表 8.1 所示，虽然扩展卡尔曼滤波算法复杂度高于标量免时间戳卡尔曼滤波，但它可以同时高精度跟踪频率偏移和相位偏移。

表 8.1　计算复杂度比较(N 次迭代)

跟踪算法	可跟踪时钟参数	加法和减法数量	乘法和除法数量
标量免时间戳卡尔曼滤波	频率偏移	$5N$	$11N$
ACES 矢量卡尔曼滤波	频率偏移、相位偏移	$34N$	$52N$
矢量免时间戳扩展卡尔曼滤波	频率偏移、相位偏移	$35N$	$54N$

注：ACES 指自适应时钟估计与同步，adaptive clock estimation and synchronization.

表 8.1 还表明所提出的跟踪算法复杂度略高于 ACES 矢量卡尔曼滤波方案，这是因为扩展卡尔曼滤波需要计算雅可比矩阵作为其观测矩阵。然后，根据是否存在用于时钟同步的专用帧来分析额外通信开销。

(1) 专用同步命令帧：ACES 算法中的矢量卡尔曼滤波形式每次迭代产生的额外通信开销在 IEEE 802.15.4（时间戳占据 4 个字节）中为 $6_{\text{物理层头部}}+11_{\text{MAC 层头部}}+1_{\text{命令类型}}+4_{\text{时间戳}}+2_{\text{帧校验序列}}=24$ 字节。显然，扩展卡尔曼滤波算法在每次迭代中节省了 24 个字节，显著降低了时间同步过程中的能耗。

(2) 时间戳嵌入式数据包：ACES 算法中每次迭代的额外通信开销为 4 字节，这也表明所提算法能够降低能耗。

因此可得出结论，在综合考虑算法复杂性和额外的通信开销时，所提出的免时间戳扩展卡尔曼滤波算法比 ACES 矢量跟踪算法效率更高。

8.3　隐含节点的免时间戳频偏跟踪方法

8.3.1　跟踪模型

如图 6.6 所示，隐含节点的交互模型涉及三种类型的节点，分别是时钟源节点 P、通用节点 A、隐含节点 B，因此隐含节点 B 的跟踪算法推导过程相对复杂。为了简化计算，在本小节中忽略了单向时间模型中累计的误差量 $\rho_i^{(AP)}\left(d^{(AP)}+X_i^{(AP)}\right)$，这是因为 $\rho_i^{(AP)}$ 在实际中非常小，所以成分 $\rho_i^{(AP)}\left(d^{(AP)}+X_i^{(AP)}\right)$ 就相对较小，可以忽略不计。因此，式(8.13)可改写为

$$T_{2,i}^{(P)} \approx T_{1,i}^{(A)} + \theta_i^{(AP)} + d^{(AP)} + X_i^{(AP)} + \rho_i^{(AP)}\left(T_{1,i}^{(A)} - T_{1,1}^{(A)}\right) \tag{8.37}$$

将其映射到隐含节点 B，对应的时间戳关系可以描述为

$$T_{2,i}^{(B)} \approx T_{1,i}^{(A)} + \theta_i^{(AB)} + d^{(AB)} + X_i^{(AB)} + \rho_i^{(AB)}\left(T_{1,i}^{(A)} - T_{1,1}^{(A)}\right) \tag{8.38}$$

$$T_{3,i}^{(P)} \approx T_{4,i}^{(B)} + \theta_i^{(BP)} - \delta^{(PB)} - \omega_i^{(PB)} + \rho_i^{(BP)}\left(T_{4,i}^{(B)} - T_{1,1}^{(B)}\right) \tag{8.39}$$

注意，式(8.39)中列出的$T_{1,1}^{(B)}$未在隐含节点交互图 6.6 中出现，它是表示通用节点 A 在时间为$T_{1,1}^{(A)}$时隐含节点 B 的本地时间，其在后续变换中会被消除，不会对隐含节点的跟踪算法推导造成影响。

从式(8.37)中减去式(8.38)，再减去式(8.39)，可得

$$\begin{aligned} T_{4,i}^{(B)} - T_{2,i}^{(B)} - T_{3,i}^{(P)} + T_{2,i}^{(P)} = & (\rho_i^{(AP)} - \rho_i^{(AB)})(T_{1,i}^{(A)} - T_{1,1}^{(A)}) - \rho_i^{(BP)}(T_{4,i}^{(B)} - T_{1,1}^{(B)}) \\ & + \theta_i^{(AP)} - \theta_i^{(AB)} - \theta_i^{(BP)} \\ & + d^{(AP)} - d^{(AB)} + d^{(PB)} \\ & + X_i^{(AP)} - X_i^{(AB)} + X_i^{(PB)} \end{aligned} \tag{8.40}$$

定义 $Q_i = T_{4,i}^{(B)} - T_{2,i}^{(B)} - T_{3,i}^{(P)} + T_{2,i}^{(P)}$， $\theta_i = \theta_i^{(AP)} - \theta_i^{(AB)} - \theta_i^{(BP)}$， $\delta = d^{(AP)} - d^{(AB)} + d^{(PB)}$， $z_i = X_i^{(AP)} - X_i^{(AB)} + X_i^{(PB)}$，其中 $z_i \sim N(0, \sigma_{AP}^2 + \sigma_{AB}^2 + \sigma_{PB}^2)$，式(8.40)被简化为

$$Q_i = (\rho_i^{(AP)} - \rho_i^{(AB)})(T_{1,i}^{(A)} - T_{1,1}^{(A)}) - \rho_i^{(BP)}(T_{4,i}^{(B)} - T_{1,1}^{(B)}) + \theta_i + \delta + z_i \tag{8.41}$$

跟通用节点类似，同样认为$\rho_{i+1} = \rho_i$，$\theta_{i+1} = \theta_i$，其中 i 为奇数。接下来，用Q_{i+1}减去Q_i可得

$$\underbrace{Q_{i+1} - Q_i}_{Q'_j} = (\rho_i^{(AP)} - \rho_i^{(AB)})\underbrace{(T_{1,i+1}^{(A)} - T_{1,i}^{(A)})}_{P_j} - \rho_i^{(BP)}\underbrace{(T_{4,i+1}^{(B)} - T_{4,i}^{(B)})}_{O_j} + \underbrace{z_{i+1} - z_i}_{Z_j} \tag{8.42}$$

式中，$j = \dfrac{i+1}{2}$且 i 为奇数。

将时钟源节点 P、通用节点 A、隐含节点 B 之间的相对频率偏移关系式代入式(8.42)并将其进行采样离散化，可以得到

$$Q'[n] = (\rho^{(AP)}[n] - \rho^{(AB)}[n])P[n] - \frac{\rho^{(AP)}[n] - \rho^{(AB)}[n]}{1 + \rho^{(AB)}[n]}O[n] + Z[n] \tag{8.43}$$

式(8.43)即为隐含节点 B 的免时间戳观测方程。

与通用节点 A 的频率偏移自回归状态类似，同样用一阶高斯马尔可夫过程作为隐含节点的状态模型，分别如下：

$$\rho^{(AB)}[n] = m_1 \rho^{(AB)}[n-1] + u^{(AB)}[n] \tag{8.44}$$

$$\rho^{(AP)}[n] = m_2 \rho^{(AP)}[n-1] + u^{(AP)}[n] \tag{8.45}$$

式中，m_1和m_2为不同的自回归系数，并且$u^{(AB)}[n] \sim N(0, \sigma_{u^{(AB)}}^2)$。

8.3.2　隐含节点扩展卡尔曼滤波器

根据式(8.44)和式(8.45)，将隐含节点跟踪算法的状态方程归纳如下：

$$x[n]=Ax[n-1]+u[n] \tag{8.46}$$

式中，$x[n]=\begin{bmatrix}\rho^{(AB)}[n]\\ \rho^{(AP)}[n]\end{bmatrix}$；$A=\begin{bmatrix}m_1 & 0\\ 0 & m_2\end{bmatrix}$；$u[n]=\begin{bmatrix}u^{(AB)}[n]\\ u^{(AP)}[n]\end{bmatrix}$。其状态协方差矩阵为 $C=\begin{bmatrix}\sigma^2_{u^{(AB)}} & 0\\ 0 & \sigma^2_{u^{(AP)}}\end{bmatrix}$。

根据式(8.43)，将其观测方程写为

$$Q'[n]=h(x[n])+Z[n] \tag{8.47}$$

式中，$h(x[n])=(\rho^{(AP)}[n]-\rho^{(AB)}[n])P[n]+\dfrac{\rho^{(AB)}[n]-\rho^{(AP)}[n]}{1+\rho^{(AB)}[n]}O[n]$，$Z[n]\sim N(0,\sigma_Z^2)$，$\sigma_Z^2=2(\sigma_{AP}^2+\sigma_{AB}^2+\sigma_{PB}^2)$。

状态方程(8.46)是线性的，而观测方程(8.47)是非线性的，因此也需要使用扩展卡尔曼滤波器，并同样只需要将观测方程进行线性化。接下来，将 $h(x[n])$ 的一阶泰勒级数展开为

$$h(x[n])\approx h(\hat{x}[n|n-1])+\frac{\partial h}{\partial x[n]}\bigg|_{x[n]=\hat{x}[n|n-1]}(x[n]-\hat{x}[n|n-1]) \tag{8.48}$$

对式(8.48)求导可得

$$\frac{\partial h}{\partial x[n]}=\begin{bmatrix}\dfrac{1+\rho^{(AP)}[n]}{(1+\rho^{(AB)}[n])^2}O[n]-P[n] & P[n]-\dfrac{O[n]}{1+\rho^{(AB)}[n]}\end{bmatrix} \tag{8.49}$$

因此，对应的雅可比矩阵可表示为

$$H[n]=\begin{bmatrix}\dfrac{1+\rho^{(AP)}[n]}{(1+\rho^{(AB)}[n])^2}O[n]-P[n] & P[n]-\dfrac{O[n]}{1+\rho^{(AB)}[n]}\end{bmatrix} \tag{8.50}$$

最终，线性化过后的观测方程被重构为

$$Q'[n]=H[n]x[n]+Z[n]+(h(\hat{x}[n|n-1])-H[n]\hat{x}[n|n-1]) \tag{8.51}$$

根据状态方程(8.46)和重构后的观测方程(8.51)，隐含节点的频率偏移扩展卡尔曼滤波迭代过程如下。

预测状态：

$$\hat{x}[n|n-1]=A\hat{x}[n-1|n-1] \tag{8.52}$$

预测均方误差：

$$M[n|n-1]=AM[n-1|n-1]A^{\mathrm{T}}+\mathbf{C} \tag{8.53}$$

卡尔曼增益：

$$\boldsymbol{K}[n]=\frac{\boldsymbol{M}[n\mid n-1]\boldsymbol{H}^{\mathrm{T}}[n]}{\sigma_Z^2+\boldsymbol{H}[n]\boldsymbol{M}[n\mid n-1]\boldsymbol{H}^{\mathrm{T}}[n]} \tag{8.54}$$

状态修正：

$$\hat{\boldsymbol{x}}[n\mid n]=\hat{\boldsymbol{x}}[n\mid n-1]+\boldsymbol{K}[n](Q'[n]-h(\hat{\boldsymbol{x}}[n\mid n-1])) \tag{8.55}$$

均方误差修正：

$$\boldsymbol{M}[n\mid n]=(\boldsymbol{I}-\boldsymbol{K}[n]\boldsymbol{H}[n])\boldsymbol{M}[n\mid n-1] \tag{8.56}$$

估计得到的 $\rho^{(AB)}$ 和 $\rho^{(AP)}$ 可以通过迭代式(8.52)～式(8.56)得到，然后估计的隐含节点 B 和时钟源节点 P 之间的相对时钟频率偏移 $\rho^{(BP)}$ 可以通过相对频率偏移的内在关系式(6.36)来计算。因此，免时间戳交互下隐含节点的扩展卡尔曼滤波算法可以长期动态跟踪相对于时钟源的频率偏移。

8.3.3 后验 CRLB

根据状态方程(8.46)和观测方程(8.47)，后验克劳美罗下限的均方误差形式为

$$E\left\{\left[\boldsymbol{g}\left(Q'[n]\right)-\boldsymbol{x}[n]\right]\left[\boldsymbol{g}\left(Q'[n]\right)-\boldsymbol{x}[n]\right]^{\mathrm{T}}\right\}\geqslant \boldsymbol{J}^{-1} \tag{8.57}$$

式中，$\boldsymbol{g}\left(Q[n]\right)$ 为隐含节点跟踪参数 $\boldsymbol{x}$ 的估计值。

后验克劳美罗下限费希尔信息矩阵的迭代表达式为

$$\boldsymbol{J}[n+1]=\left(\boldsymbol{C}+\boldsymbol{A}\boldsymbol{J}\left[n\right]^{-1}\boldsymbol{A}^{\mathrm{T}}\right)^{-1}+E_{\boldsymbol{X}[n+1]}\left\{\boldsymbol{H}^{\mathrm{T}}\left[n+1\right]\left(\frac{1}{\sigma_Z^2}\right)\boldsymbol{H}\left[n+1\right]\right\} \tag{8.58}$$

最终后验克劳美罗下限的迭代形式为

$$\boldsymbol{\Lambda}[n]=\boldsymbol{J}^{-1}\left[n\right] \tag{8.59}$$

8.3.4 仿真验证

为验证所提出的隐含节点的免时间戳频率偏移跟踪方法，本小节基于 MATLAB 平台，对高斯噪声下的跟踪方法进行模拟。隐含节点的扩展卡尔曼滤波初始化为 $\hat{\boldsymbol{x}}[-1\mid -1]=\left[1\times10^{-4}\quad 1\times10^{-4}\right]^{\mathrm{T}}$，$\boldsymbol{M}[-1\mid -1]=\mathrm{diag}(1\times10^{-4},4\times10^{-7})$。其他的扩展卡尔曼滤波跟踪相关参数为 $\tau_0=120$、$m_1=m_2=(1-10^{-2})^{\frac{120}{3600}}$、$\sigma_Z^2=6\times10^{-4}$，固定时延 $d^{(AP)}=2$、$d^{(AB)}=3$、$d^{(PB)}=2$，连续两个同步轮次的响应时间 $\Delta_i=T_{3,i}^{(P)}-T_{2,i}^{(P)}$ 被设置为 $\{10,30\}$。另外，未特意说明的仿真参数与通用节点跟踪算法的设置相同。

使用扩展卡尔曼滤波算法对隐含节点 B 进行免时间戳频率偏移跟踪的性能表现如图 8.4 所示，其模拟仿真持续了 100 个采样周期。从图 8.4(a)可以看出，尽管在观测模型中忽略了一些接近于零的累积参数可能会产生精度损失，但估计

的隐含节点 B 相对于通用节点 A 的时钟频率偏移 $\rho^{(AB)}$ 能够准确跟踪真实值。值得注意的是，隐含节点 B 相对于时钟源节点 P 之间的时钟频率偏移 $\rho^{(BP)}$ 没有出现在状态方程和观测方程中。然而，根据式(6.36)指出的内在关系，可以计算出真实的 $\rho^{(BP)}$ 和估计的 $\rho^{(BP)}$ 。

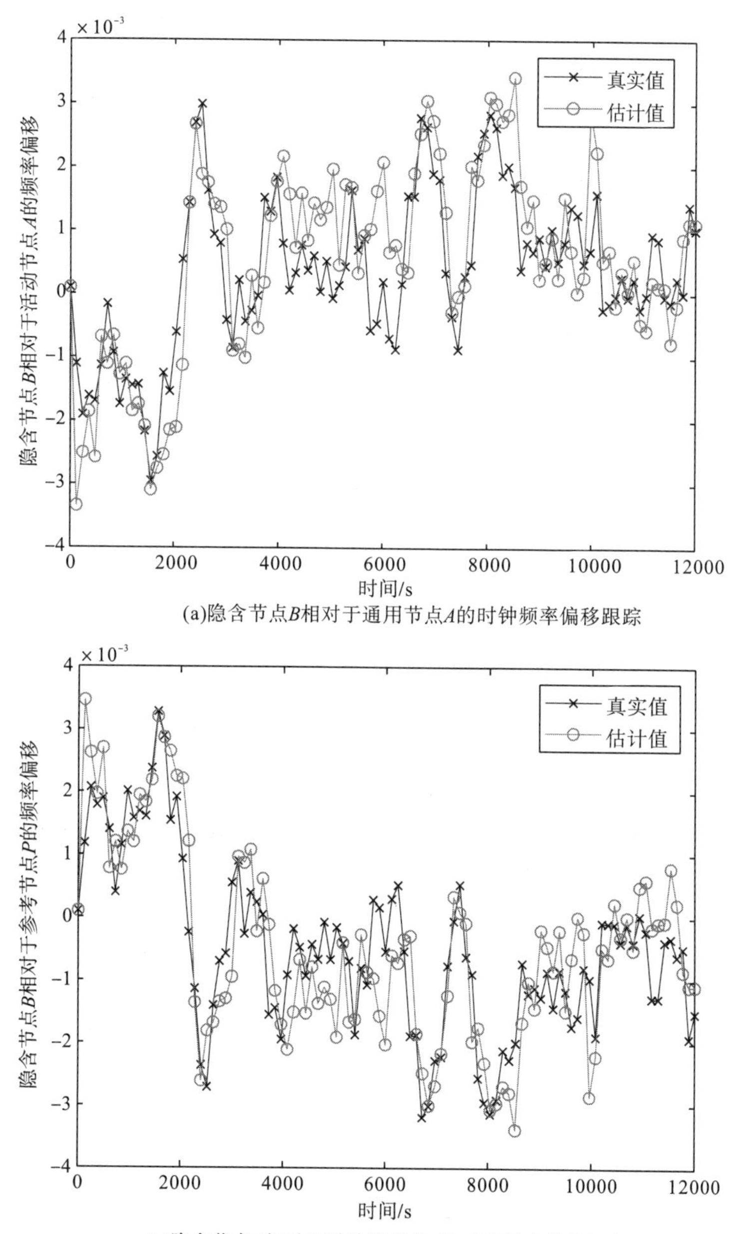

(a)隐含节点B相对于通用节点A的时钟频率偏移跟踪

(b)隐含节点B相对于时钟源节点P的时钟频率偏移跟踪

图 8.4　隐含节点 B 的扩展卡尔曼滤波器性能验证

隐含节点 B 相对于时钟源节点 P 之间的时钟频率偏移的跟踪性能如图 8.4(b)所示，从该图中可以得出，间接估计的 $\rho^{(BP)}$ 仍然可接近真实值，这意味着所提隐含节点的免时间戳频率偏移跟踪算法具有有效性。

图 8.5 为隐含节点 B 相对于通用节点 A 的时钟频率偏移 $\rho^{(AB)}$ 的跟踪均方误差验证。即使本章节采用的扩展卡尔曼滤波是一种近似最优的跟踪算法，但从图中可以看出隐含节点的均方误差仍然接近后验克劳美罗下限，其误差基本达到了最优状态。但是，图 8.5 中的均方误差和图 8.3(a)通用节点的均方误差相比较，隐含节点跟踪精度普遍比较低。一般来说，在相同的策略和环境条件下，仅接收者同步场景下隐含节点的同步精度会略低于通用节点，这是因为隐含节点不直接参与通用节点的同步过程，它只是从通用节点和时钟源节点的交互中监听到一些信息。

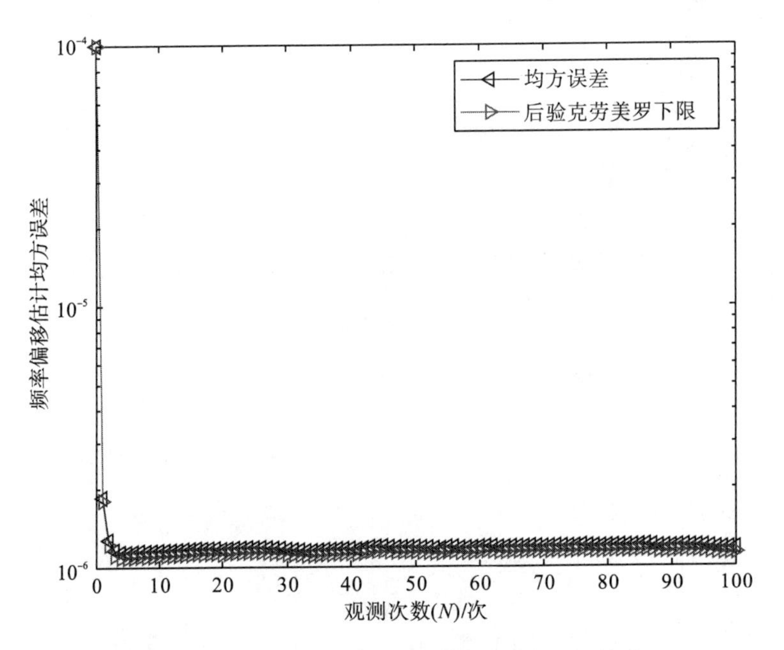

图 8.5 隐含节点 B 的扩展卡尔曼滤波器均方误差验证

参 考 文 献

[1] 康世龙, 杜中一, 雷咏梅, 等. 工业物联网研究概述[J]. 物联网技术, 2013, 3(6): 80-82, 85.

[2] 张应福. 物联网技术与应用[J]. 通信与信息技术, 2010(1): 50-53.

[3] International Telecommunication Union. ITU internet report 2005: The Internet of Things[R/OL]. https://www.itu.int/dms- pub/itu-s/opb/pol/s-POL-IR.IT-2005-SUM-PDF-E.pdf. 2005.

[4] 黄玉兰. 物联网体系结构的探究[J]. 物联网技术, 2011, 1(2): 58-62.

[5] 陈珍萍, 黄友锐, 唐超礼, 等. 物联网感知层低能耗时间同步方法研究[J]. 电子学报, 2016, 44(1): 193-199.

[6] Atzori L, Iera A, Morabito G. The Internet of Things: A survey[J]. Computer Networks, 2010, 54(15): 2787-2805.

[7] Whitmore A, Agarwal A, Li D X. The Internet of Things: A survey of topics and trends[J]. Information Systems Frontiers, 2015, 17(2): 261-274.

[8] Al-Fuqaha A, Guizani M, Mohammadi M, et al. Internet of Things: A survey on enabling technologies, protocols, and applications[J]. IEEE Communications Surveys & Tutorials, 2015, 17(4): 2347-2376.

[9] Botta A, de Donato W, Persico V, et al. Integration of cloud computing and Internet of Things: A survey[J]. Future Generation Computer Systems, 2016, 56: 684-700.

[10] Rottmann F, Martin H, Yang Y. 工业 4.0-向工业的未来进发[J]. 电子产品世界, 2015, 22(2): 15-17.

[11] Raza M, Aslam N, Le-Minh H, et al. A critical analysis of research potential, challenges, and future directives in industrial wireless sensor networks[J]. IEEE Communications Surveys & Tutorials, 2018, 20(1): 39-95.

[12] Gungor V C, Hancke G P. Industrial wireless sensor networks: Challenges, design principles, and technical approaches[J]. IEEE Transactions on Industrial Electronics, 2009, 56(10): 4258-4265.

[13] Ovsthus K, Kristensen L M. An industrial perspective on wireless sensor networks: A survey of requirements, protocols, and challenges[J]. IEEE Communications Surveys & Tutorials, 2014, 16(3): 1391-1412.

[14] Zhao G. Wireless sensor networks for industrial process monitoring and control: A survey[J]. Network Protocols and Algorithms, 2011, 3(1): 46-63.

[15] Bal M. Industrial applications of collaborative wireless sensor networks: A survey[C]//2014 IEEE 23rd International Symposium on Industrial Electronics (ISIE), Istanbul, Turkey, 2014: 1463-1468.

[16] Wollschlaeger M, Sauter T, Jasperneite J. The future of industrial communication: Automation networks in the era of the Internet of Things and industry 4.0[J]. IEEE Industrial Electronics Magazine, 2017, 11(1): 17-27.

[17] Boubiche D E, Pathan A S K, Lloret J, et al. Advanced industrial wireless sensor networks and intelligent IoT[J]. IEEE Communications Magazine, 2018, 56(2): 14-15.

[18] Adriano J D, do Rosario E C, Rodrigues J J P C. Wireless sensor networks in industry 4.0: WirelessHART and ISA100.11a[C]//2018 13th IEEE International Conference on Industry Applications (INDUSCON), Sao Paulo, Brazil. IEEE, 2018: 924-929.

[19] Liang W, Zhang X L, Xiao Y, et al. Survey and experiments of WIA-PA specification of industrial wireless network[J]. Wireless Communications and Mobile Computing, 2011, 11(8): 1197-1212.

[20] Wang Q, Jiang J. Comparative examination on architecture and protocol of industrial wireless sensor network standards[J]. IEEE Communications Surveys & Tutorials, 2016, 18(3): 2197-2219.

[21] Zheng M, Liang W, Yu H B, et al. Performance analysis of the industrial wireless networks standard: WIA-PA[J]. Mobile Networks and Applications, 2017, 22(1): 139-150.

[22] Ma H D. Internet of Things: objectives and scientific challenges[J]. Journal of Computer Science and Technology, 2011, 26(6): 919-924.

[23] Wu Y C, Chaudhari Q, Serpedin E. Clock synchronization of wireless sensor networks[J]. IEEE Signal Processing Magazine, 2011, 28(1): 124-138.

[24] Liu L G, Luo G C, Qin K, et al. An on-demand global time synchronization based on data analysis for wireless sensor networks[J]. Procedia Computer Science, 2018, 129: 503-510.

[25] Elsharief M, Abd El-Gawad M A, Kim H. Low-power scheduling for time synchronization protocols in a wireless sensor networks[J]. IEEE Sensors Letters, 2019, 3(4): 1-4.

[26] Allan D W. Time and frequency (time-domain) characterization, estimation, and prediction of precision clocks and oscillators[J]. IEEE Transactions on Ultrasonics, Ferroelectrics, and Frequency Control, 1987, 34(6): 647-654.

[27] Huan X T, Kim K S, Lee S, et al. A beaconless asymmetric energy-efficient time synchronization scheme for resource-constrained multi-hop wireless sensor networks[J]. IEEE Transactions on Communications, 2020, 68(3): 1716-1730.

[28] Arvind K. Probabilistic clock synchronization in distributed systems[J]. IEEE Transactions on Parallel and Distributed Systems, 1994, 5(5): 474-487.

[29] Boukerche A, Turgut D. Secure time synchronization protocols for wireless sensor networks[J]. IEEE Wireless Communications, 2007, 14(5): 64-69.

[30] Stanković M S, Stanković S S, Johansson K H. Distributed time synchronization for networks with random delays and measurement noise[J]. Automatica, 2018, 93: 126-137.

[31] Ganeriwal S, Kumar R, Srivastava M B. Timing-sync protocol for sensor networks[C]//Proceedings of The 1st International Conference on Embedded Networked Sensor Systems, 2003: 138-149.

[32] Gao Q, Blow K J, Holding D J. Simple algorithm for improving time synchronisation in wireless sensor networks[J]. Electronics Letters, 2004, 40(14): 889-890.

[33] van Greunen J, Rabaey J. Lightweight time synchronization for sensor networks[C]//Proceedings of The 2nd ACM International Conference on Wireless Sensor Networks and Applications, 2003: 11-19.

[34] Hofmann-Wellenhof B, Lichtenegger H, Collins J. Global Positioning System: Theory and Practice[M]. Berlin: Springer Science & Business Media, 2012.

[35] Mills D L. Internet time synchronization: The network time protocol[J]. IEEE Transactions on Communications, 1991, 39(10): 1482-1493.

[36] Ullmann M, Vögeler M. Delay attacks: Implication on NTP and PTP time synchronization[C]//2009 International Symposium on Precision Clock Synchronization for Measurement, Control and Communication, IEEE, 2009: 1-6.

[37] Masood W, Schmidt J F, Brandner G, et al. DISTY: Dynamic stochastic time synchronization for wireless sensor networks[J]. IEEE Transactions on Industrial Informatics, 2017, 13(3): 1421-1429.

[38] Jeske D R. On maximum-likelihood estimation of clock offset[J]. IEEE Transactions on Communications, 2005, 53(1): 53-54.

[39] Chaudhari Q M, Serpedin E, Qaraqe K. On maximum likelihood estimation of clock offset and skew in networks with exponential delays[J]. IEEE Transactions on Signal Processing, 2008, 56(4): 1685-1697.

[40] Li Q, Rus D. Global clock synchronization in sensor networks[J]. IEEE Transactions on Computers, 2006, 55(2): 214-226.

[41] Mock M, Frings R, Nett E, et al. Continuous clock synchronization in wireless real-time applications[C]//Proceedings 19th IEEE Symposium on Reliable Distributed Systems SRDS-2000, IEEE, 2000: 125-132.

[42] Sun K, Ning P, Wang C. Secure and resilient clock synchronization in wireless sensor networks[J]. IEEE Journal on Selected Areas in Communications, 2006, 24(2): 395-408.

[43] Noh K L, Serpedin E. Pairwise broadcast clock synchronization for wireless sensor networks[C]//2007 IEEE International Symposium on a World of Wireless, Mobile and Multimedia Networks, IEEE, 2007: 1-6.

[44] Römer K, Blum P, Meier L. Time synchronization and calibration in wireless sensor networks[M]//Stojmenović I. Handbook of Sensor Networks: Algorithms and Architectures, Hoboken: Published by John Wiley & Sons, Inc., 2005: 199-237.

[45] Veriissimo P, Rodrigues L, Casimiro A. Cesium Spray: A precise and accurate global time service for large-scale systems[J]. Real-Time Systems, 1997, 12(3): 243-294.

[46] Ganeriwal S, Kumar R, Srivastava M B. Timing-sync protocol for sensor networks[C]//Proceedings of The 1st International Conference on Embedded Networked Sensor Systems, 2003: 138-149.

[47] Maróti M, Kusy B, Simon G, et al. The flooding time synchronization protocol[C]//Proceedings of The 2nd International Conference on Embedded Networked Sensor Systems, 2004: 39-49.

[48] Elson J, Girod L, Estrin D. Fine-grained network time synchronization using reference broadcasts[J]. ACM SIGOPS Operating Systems Review, 2002, 36(SI): 147-163.

[49] Noh K L, Chaudhari Q M, Serpedin E, et al. Novel clock phase offset and skew estimation using two-way timing message exchanges for wireless sensor networks[J]. IEEE Transactions on Communications, 2007, 55(4): 766-777.

[50] Leng M, Wu Y C. On clock synchronization algorithms for wireless sensor networks under unknown delay[J]. IEEE Transactions on Vehicular Technology, 2010, 59(1): 182-190.

[51] Shi F R, Li H L, Yang S X, et al. Novel maximum likelihood estimation of clock skew in one-way broadcast time synchronization[J]. IEEE Transactions on Industrial Electronics, 2020, 67(11): 9948-9957.

[52] Zhang F, Wang G, Wang W. Novel two-step method for joint synchronization and localization in asynchronous networks[J]. IEEE Wireless Communications Letters, 2017, 6(6): 830-833.

[53] Chaudhari Q M, Serpedin E, Qaraqe K. On minimum variance unbiased estimation of clock offset in a two-way message exchange mechanism[J]. IEEE Transactions on Information Theory, 2010, 56(6): 2893-2904.

[54] Chaudhari Q M, Serpedin E, Qaraqe K. Some improved and generalized estimation schemes for clock synchronization of listening nodes in wireless sensor networks[J]. IEEE Transactions on Communications, 2010, 58(1): 63-67.

[55] Luo B, Wu Y C. Distributed clock parameters tracking in wireless sensor network[J]. IEEE Transactions on Wireless Communications, 2013, 12(12): 6464-6475.

[56] Hamilton B R, Ma X L, Zhao Q, et al. ACES: Adaptive clock estimation and synchronization using Kalman filtering[C]//Proceedings of the 14th ACM International Conference on Mobile Computing And Networking, 2008: 152-162.

[57] Liu Q, Liu X, Zhou J L, et al. AdaSynch: A general adaptive clock synchronization scheme based on Kalman filter for WSNs[J]. Wireless Personal Communications, 2012, 63(1): 217-239.

[58] Raghunathan V, Schurgers C, Park S, et al. Energy-aware wireless microsensor networks[J]. IEEE Signal Processing Magazine, 2002, 19(2): 40-50.

[59] Pottie G J, Kaiser W J. Wireless integrated network sensors[J]. Communications of the ACM, 2000, 43(5): 51-58.

[60] Chugh A, Panda S. Energy efficient techniques in wireless sensor networks[J]. Recent Patents on Engineering, 2019, 13(1): 13-19.

[61] Etzlinger B, Palaoro N, Haselmayr W, et al. Timestamp free synchronization with sub-tick accuracy in the presence of discrete clocks[J]. IEEE Transactions on Wireless Communications, 2017, 16(2): 771-783.

[62] Overdick M W S, Canfield J E, Klein A G, et al. A software-defined radio implementation of timestamp-free network synchronization[C]//2017 IEEE International Conference on Acoustics, Speech and Signal Processing (ICASSP). New Orleans, LA, USA. IEEE, 2017: 1193-1197.

[63] Li M, Gvozdenovic S, Ryan A, et al. A real-time implementation of precise timestamp-free network synchronization[C]//2015 49th Asilomar Conference on Signals, Systems and Computers, Pacific Grove, CA, USA. IEEE, 2015: 1214-1218.

[64] Noh K L, Serpedin E, Qaraqe K. A new approach for time synchronization in wireless sensor networks: Pairwise broadcast synchronization[J]. IEEE Transactions on Wireless Communications, 2008, 7(9): 3318-3322.

[65] Kopetz H, Ochsenreiter W. Clock synchronization in distributed real-time systems[J]. IEEE Transactions on Computers, 1987, 36(8): 933-939.

[66] Steven M K. Fundamentals of statistical signal processing[J]. PTR Prentice-Hall, Englewood Cliffs, NJ, 1993, 10: 151045.

[67] Leng M, Wu Y C. Low-complexity maximum-likelihood estimator for clock synchronization of wireless sensor nodes under exponential delays[J]. IEEE Transactions on Signal Processing, 2011, 59(10): 4860-4870.